国家出版基金资助项目

现代数学中的著名定理纵横谈丛书

丛书主编　王梓坤

CHAPLYGIN THEOREM

Chaplygin 定理

刘培杰数学工作室 编译

哈尔滨工业大学出版社

HARBIN INSTITUTE OF TECHNOLOGY PRESS

内容简介

本书从一道全国大学生力学竞赛试题谈起,阐述了恰普雷金定理在力学中的应用及推广.

本书适合大学数学及物理学专业学有余力的同学及老师阅读和收藏.

图书在版编目(CIP)数据

Chaplygin 定理/刘培杰数学工作室编译. —哈尔滨:哈尔滨工业大学出版社,2017.2
ISBN 978-7-5603-6491-9

Ⅰ.①C⋯ Ⅱ.①刘⋯ Ⅲ.①稳定性(数学) Ⅳ.①O175.13

中国版本图书馆 CIP 数据核字(2017)第 042338 号

策划编辑	刘培杰 张永芹
责任编辑	张永芹 齐新宇
封面设计	孙茵艾
出版发行	哈尔滨工业大学出版社
社　　址	哈尔滨市南岗区复华四道街10号 邮编150006
传　　真	0451-86414749
网　　址	http://hitpress.hit.edu.cn
印　　刷	牡丹江邮电印务有限公司
开　　本	787mm×960mm 1/16 印张11.75 字数120千字
版　　次	2017年2月第1版 2017年2月第1次印刷
书　　号	ISBN 978-7-5603-6491-9
定　　价	88.00元

(如因印装质量问题影响阅读,我社负责调换)

○ 代 序

读书的乐趣

你最喜爱什么——书籍.
你经常去哪里——书店.
你最大的乐趣是什么——读书.

这是友人提出的问题和我的回答.真的,我这一辈子算是和书籍,特别是好书结下了不解之缘.有人说,读书要费那么大的劲,又发不了财,读它做什么?我却至今不悔,不仅不悔,反而情趣越来越浓.想当年,我也曾爱打球,也曾爱下棋,对操琴也有兴趣,还登台伴奏过.但后来却都一一断交,"终身不复鼓琴".那原因便是怕花费时间,玩物丧志,误了我的大事——求学.这当然过激了一些.剩下来唯有读书一事,自幼至今,无日少废,谓之书痴也可,谓之书橱也可,管它呢,人各有志,不可相强.我的一生大志,便是教书,而当教师,不多读书是不行的.

读好书是一种乐趣,一种情操;一种向全世界古往今来的伟人和名人求教的方法,一种和他们展开讨论的方式;一封出席各种活动、体验各种生活、结识各种人物的邀请信;一张迈进科学宫殿和未知世界的入场券;一股改造自己、丰富自己的强大力量.书籍是全人类有史以来共同创造的财富,是永不枯竭的智慧的源泉.失意时读书,可以使人重整旗鼓;得意时读书,可以使人头脑清醒;疑难时读书,可以得到解答或启示;年轻人读书,可明奋进之道;年老人读书,能知健神之理.浩浩乎!洋洋乎!如临大海,或波涛汹涌,或清风微拂,取之不尽,用之不竭.吾于读书,无疑义矣,三日不读,则头脑麻木,心摇摇无主.

潜能需要激发

我和书籍结缘,开始于一次非常偶然的机会.大概是八九岁吧,家里穷得揭不开锅,我每天从早到晚都要去田园里帮工.一天,偶然从旧木柜阴湿的角落里,找到一本蜡光纸的小书,自然很破了.屋内光线暗淡,又是黄昏时分,只好拿到大门外去看.封面已经脱落,扉页上写的是《薛仁贵征东》.管它呢,且往下看.第一回的标题已忘记,只是那首开卷诗不知为什么至今仍记忆犹新:

日出遥遥一点红,飘飘四海影无踪.

三岁孩童千两价,保主跨海去征东.

第一句指山东,二、三两句分别点出薛仁贵(雪、人贵).那时识字很少,半看半猜,居然引起了我极大的兴趣,同时也教我认识了许多生字.这是我有生以来独立看的第一本书.尝到甜头以后,我便千方百计去找书,向小朋友借,到亲友家找,居然断断续续看了《薛丁山征西》《彭公案》《二度梅》等,樊梨花便成了我心中的女英雄.我真入迷了.从此,放牛也罢,车水也罢,我总要带一本书,还练出了边走田间小路边读书的本领,读得津津有味,不知人间别有他事.

当我们安静下来回想往事时,往往会发现一些偶然的小事却影响了自己的一生.如果不是找到那本《薛仁贵征东》,我的好学心也许激发不起来.我这一生,也许会走另一条路.人的潜能,好比一座汽油库,星星之火,可以使它雷声隆隆、光照天地;但若少了这粒火星,它便会成为一潭死水,永归沉寂.

抄,总抄得起

好不容易上了中学,做完功课还有点时间,便常光顾图书馆.好书借了实在舍不得还,但买不到也买不起,便下决心动手抄书.抄,总抄得起.我抄过林语堂写的《高级英文法》,抄过英文的《英文典大全》,还抄过《孙子兵法》,这本书实在爱得狠了,竟一口气抄了两份.人们虽知抄书之苦,未知抄书之益,抄完毫末俱见,一览无余,胜读十遍.

始于精于一,返于精于博

关于康有为的教学法,他的弟子梁启超说:"康先生之教,专标专精、涉猎二条,无专精则不能成,无涉猎则不能通也."可见康有为强烈要求学生把专精和广博(即"涉猎")相结合.

在先后次序上,我认为要从精于一开始.首先应集中精力学好专业,并在专业的科研中做出成绩,然后逐步扩大领域,力求多方面的精.年轻时,我曾精读杜布(J. L. Doob)的《随机过程论》,哈尔莫斯(P. R. Halmos)的《测度论》等世界数学名著,使我终身受益.简言之,即"始于精于一,返于精于博".正如中国革命一样,必须先有一块根据地,站稳后再开创几块,最后连成一片.

丰富我文采,澡雪我精神

辛苦了一周,人相当疲劳了,每到星期六,我便到旧书店走走,这已成为生活中的一部分,多年如此.一次,偶然看到一套《纲鉴易知录》,编者之一便是选编《古文观止》的吴楚材.这部书提纲挈领地讲中国历史,上自盘古氏,直到明末,记事简明,文字古雅,又富于故事性,便把这部书从头到尾读了一遍.从此启发了我读史书的兴趣.

我爱读中国的古典小说,例如《三国演义》和《东周列国志》.我常对人说,这两部书简直是世界上政治阴谋诡计大全.即以近年来极时髦的人质问题(伊朗人质、劫机人质等),这些书中早就有了,秦始皇的父亲便是受害者,堪称"人质之父".

《庄子》超尘绝俗,不屑于名利.其中"秋水""解牛"诸篇,诚绝唱也.《论语》束身严谨,勇于面世,"己所不欲,勿施于人",有长者之风.司马迁的《报任少卿书》,读之我心两伤,既伤少卿,又伤司马;我不知道少卿是否收到这封信,希望有人做点研究.我也爱读鲁迅的杂文,果戈理、梅里美的小说.我非常敬重文天祥、秋瑾的人品,常记他们的诗句:"人生自古谁无死,留取丹心照汗青""休言女子非英物,夜夜龙泉壁上鸣".唐诗、宋词,《西厢记》《牡丹亭》,丰富我文采,澡雪我精神,其中精粹,实是人间神品.

读了邓拓的《燕山夜话》,既叹服其广博,也使我动了写《科学发现纵横谈》的心.不料这本小册子竟给我招来了上千封鼓励信.以后人们便写出了许许多多的"纵横谈".

从学生时代起,我就喜读方法论方面的论著.我想,做什么事情都要讲究方法,追求效率、效果和效益,方法好能事半而功倍.我很留心一些著名科学家、文学家写的心得体会和经验.我曾惊讶为什么巴尔扎克在51年短短的一生中能写出上百本书,并从他的传记中去寻找答案.文史哲和科学的海洋无边无际,先哲们的明智之光沐浴着人们的心灵,我衷心感谢他们的恩惠.

读书的另一面

以上我谈了读书的好处,现在要回过头来说说事情的另一面.

读书要选择.世上有各种各样的书:有的不值一看,有的只值看20分钟,有的可看5年,有的可保存一辈子,有的将永远不朽.即使是不朽的超级名著,由于我们的精力与时间有限,也必须加以选择.决不要看坏书,对一般书,要学会速读.

读书要多思考.应该想想,作者说得对吗?完全吗?适合今天的情况吗?从书本中迅速获得效果的好办法是有的放矢地读书,带着问题去读,或偏重某一方面去读.这时我们的思维处于主动寻找的地位,就像猎人追找猎物一样主动,很快就能找到答案,或者发现书中的问题.

有的书浏览即止,有的要读出声来,有的要心头记住,有的要笔头记录.对重要的专业书或名著,要勤做笔记,"不动笔墨不读书".动脑加动手,手脑并用,既可加深理解,又可避忘备查,特别是自己的灵感,更要及时抓住.清代章学诚在《文史通义》中说:"札记之功必不可少,如不札记,则无穷妙绪如雨珠落大海矣."

许多大事业、大作品,都是长期积累和短期突击相结合的产物.涓涓不息,将成江河;无此涓涓,何来江河?

爱好读书是许多伟人的共同特性,不仅学者专家如此,一些大政治家、大军事家也如此.曹操、康熙、拿破仑、毛泽东都是手不释卷,嗜书如命的人.他们的巨大成就与毕生刻苦自学密切相关.

王梓坤

目录

引言 从一道全国大学生力学竞赛试题谈起 //1

第1章 恰普雷金论非完整约束系统 //14

§1 论重旋转体在水平面上的运动 //14

§2 非全定系统的运动理论的研究. 关于简化乘数的定理 //31

§3 论面积定理的某种可能的推广,及其在球的滚动问题中的应用 //42

§4 论球体在水平面上的滚动 //73

附录 关于 C. A. 恰普雷金的非全定系统的动力学的工作 //100

编者的注解 //107

第2章 约束力学系统的欧拉-拉格朗日体系的方程及其研究进展 //111

§1 完整力学系统的拉格朗日方程 //112

§2 非完整系统带乘子的拉格朗日方程 //113

§3 麦克米伦方程 //114

§4 沃尔泰拉方程 //115

§5 恰普雷金方程 //118

§6 玻尔兹曼-哈梅尔方程 //120

第3章 董光昌论恰普雷金方程 //122

§1 恰普雷金方程的唯一性定理（Ⅰ） //122

§2 恰普雷金方程的唯一性定理（Ⅱ） //131

§3 恰普雷金方程的唯一性定理（Ⅲ） //150

从一道全国大学生力学竞赛试题谈起

引言

北京大学力学系教授武际可曾撰文指出:在中国明末,由西方传教士邓玉函(瑞士人)口授、王徵笔录,于1627年出版的《远西奇器图说》中讲到数学和力学的关系时说:"造物主之生物,有数、有度、有重,物物皆然.数即算学,度乃测量学,重则此力艺之重学(注:中国早期将力学翻译为重学).重有重之性.以此重较彼重之多寡,则资算学;以此重之形体较彼重之形体之大小,则资测量学.故数学、度学、重学之必须,盖三学皆从性理而生,为兄弟内亲,不可相离者也."这里数学是计算的意思,和现今数学的含义不同;度学是指测量学,更广泛一点,指的是几何学.

我国著名力学家谈镐生先生在1977年上书中国科学院说:"按照近代观点,

恰普雷金定理

物理、化学、天体物理、地球物理、生物物理可以全部归纳为物理科学.力学是物理科学的基础,数学又是所有学科的共同工具,力学和数学原是科学发展史上的孪生子,因此,可以形象地认为,物理科学是一根梁,力学和数学是它的两根支柱."他曾更为简练地说:"数、理、化、天、地、生中的五大科学可以统一归纳为'物理科学'.力学当然就是物理科学的共同基础.而数学则是物理科学和所有科学的共同工具."

基于对力学在各门科学中的重要性的认识,推动我国科学技术实现现代化与推动青少年在学习中打好力学基础和数学基础具有同等重要的意义.因此,力学学会决定从1988年开始在大学生中举办力学竞赛是十分重要的举措.它对于推动作为基础课的力学学科的教学,增加学生对力学学科学习的兴趣,活跃教学与学习环境,发现人才,吸引全社会对力学学科的关注与投入,都是非常重要的.

事实证明,全国周培源大学生力学竞赛举办以来,愈来愈受到各界的重视,一届比一届规模大,一届比一届受到更多的支持.1988年举办的首届竞赛(原名青年力学竞赛),原定每四年举办一次(1988年第一届竞赛的参赛者只有62人,而2007年第六届的参赛者有近万人),后来受到周培源基金会的支持,改名为周培源大学生力学竞赛,还受到教育部高教司的支持,并且从原来的每四年举办一次改为每两年举办一次.

与数学竞赛试题的难度越来越大不同,力学竞赛的试题难度却在逐年降低,原因是它要吸引更多的大学生参加,而数学竞赛没有这种担忧.所以首届试题最难,下面是首届竞赛的第9题.

引言 从一道全国大学生力学竞赛试题谈起

[**题目**] 半径为 a,质量为 m 的均匀圆球在半径为 b 的完全粗糙的另一固定圆球的外表面上滚动,试建立动球的运动微分方程.当动球转速超过多少时,动球可以在定球的最高点处稳定地转动.

[**解**] 本题中动球受非完整约束,故不能应用第二类拉格朗日方程;又因要求动球在最高点处转动的稳定条件,所以也不能用球坐标描述球心的位置.如图 1 所示,用卡尔丹角 α,β 描述动球质心 C 的位置;建立动坐标系 $O-xyz$,它相对定坐标系的方位由 α,β 确定,其角速度为 Ω. 坐标系 $[C,e_1,e_2,e_3]$ 过动球质心 C,且与坐标系 $O-xyz$ 相平行.动球质心 C 的速度为 v_C,动球绝对角速度为 ω,动球所受之力为 mg, F_N, F_1, F_2.

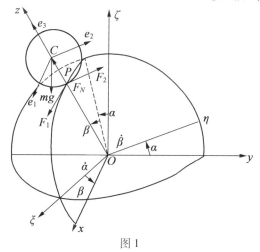

图 1

由质心运动定理向动坐标系 $O-xyz$ 各轴的投影式得

恰普雷金定理

$$\begin{cases} m(\dot{v}_{C_1} - \Omega_3 v_{C_2} + \Omega_2 v_{C_3}) = F_1 + mg\cos\alpha\sin\beta & (1) \\ m(\dot{v}_{C_2} - \Omega_1 v_{C_3} + \Omega_3 v_{C_1}) = F_2 - mg\sin\alpha & (2) \\ m(\dot{v}_{C_3} - \Omega_2 v_{C_1} + \Omega_1 v_{C_2}) = F_N + mg\cos\alpha\cos\beta & (3) \end{cases}$$

由相对质心的动量矩定理在动坐标系$[C,e_1,e_2,e_3]$各轴的投影式得

$$\begin{cases} \dfrac{2}{5}ma^2(\dot{\omega}_1 - \Omega_3\omega_2 + \Omega_2\omega_3) = F_2 a & (4) \\ \dfrac{2}{5}ma^2(\dot{\omega}_2 - \Omega_1\omega_3 + \Omega_3\omega_1) = -F_1 a & (5) \\ \dfrac{2}{5}ma^2(\dot{\omega}_3 - \Omega_1\omega_2 + \Omega_2\omega_1) = 0 & (6) \end{cases}$$

运动学关系为

$$v_C = \Omega \times (a+b)e_3$$

$$\Omega_1 = \dot{\alpha}\cos\beta,\ \Omega_2 = \dot{\beta},\ \Omega_3 = \dot{\alpha}\sin\beta \quad (7)$$

所以

$$v_{C_1} = (a+b)\dot{\beta},\ v_{C_2} = -(a+b)\dot{\alpha}\cos\beta,\ v_{C_3} = 0 \quad (8)$$

约束条件为

$$v_P = v_C + \omega \times (-ae_3) = 0$$

$$v_{C_1} - a\omega_2 = 0,\ v_{C_2} + a\omega_1 = 0$$

所以

$$\omega_1 = -\dfrac{v_{C_2}}{a} = \dfrac{(a+b)\dot{\alpha}\cos\beta}{a},\ \omega_2 = \dfrac{v_{C_1}}{a} = \dfrac{(a+b)\dot{\beta}}{a} \quad (9)$$

将式(7),式(9)代入式(6)得到关于自转角速度ω的特性

$$\dot{\omega}_3 = 0\ \text{或}\ \omega_3 = \text{const} \quad (10)$$

将式(7),式(9)代入式(1),式(2),式(4),式(5),得

$$m(a+b)(\ddot{\beta} + \dot{\alpha}^2\cos\beta\sin\beta) = F_1 + mg\cos\alpha\sin\beta \quad (11)$$

$$m(a+b)(-\ddot{\alpha}\cos\beta + 2\dot{\alpha}\dot{\beta}\sin\beta) = F_2 - mg\sin\alpha \quad (12)$$

$$\frac{2}{5}m(a+b)(\ddot{\alpha}\cos\beta - 2\dot{\alpha}\dot{\beta}\sin\beta) + \frac{2}{5}ma\omega_3\dot{\beta} = F_2 \quad (13)$$

$$\frac{2}{5}m(a+b)(\ddot{\beta} + \dot{\alpha}^2\sin\beta\cos\beta) - \frac{2}{5}ma\omega_3\dot{\alpha}\cos\beta = F_1 \quad (14)$$

从上面四式中消去 F_1, F_2, 即得动球的运动微分方程为

$$7(a+b)(\ddot{\alpha}\cos\beta - 2\dot{\alpha}\dot{\beta}\sin\beta) + 2a\omega_3\dot{\beta} - 5g\sin\alpha = 0 \quad (15)$$

$$7(a+b)(\ddot{\beta} + \dot{\alpha}^2\sin\beta\cos\beta) - 2a\omega_3\dot{\alpha}\cos\beta - 5g\cos\alpha\sin\beta = 0 \quad (16)$$

此方程有特解 $\alpha^* = 0, \beta^* = 0$, 代表动球在固定球的最高点处做角速度为 ω_3 的自转. 为研究此运动的稳定性, 将 α, β 看成小量, 并在式(15), 式(16)中略去二阶以上的小量, 得到线性化的受扰运动方程

$$7(a+b)\ddot{\alpha} + 2a\omega_3\dot{\beta} - 5g\alpha = 0 \quad (17)$$

$$7(a+b)\ddot{\beta} + 2a\omega_3\dot{\alpha} - 5g\beta = 0 \quad (18)$$

其特征方程为

$$\Delta(\lambda) = \begin{vmatrix} 7(a+b)\lambda^2 - 5g & 2a\omega_3 \\ -2a\omega_3 & 7(a+b)\lambda^2 - 5g \end{vmatrix} = 0$$

或

$$49(a+b)^2\lambda^4 + [4a^2\omega_3^2 - 70(a+b)g\lambda^2] + 25g^2 = 0 \quad (19)$$

上式4个特征根都没有正实部的条件是

$$[4a^2\omega_3^2 - 70(a+b)g]^2 - 4 \times 25 \times 49(a+b)^2 g^2 \geq 0 \quad (20)$$

或

恰普雷金定理

$$\omega_3^2 \geqslant \frac{35g(a+b)}{a^2} \qquad (21)$$

这就是动球在最高点自转运动的稳定条件(严格地讲,这样求得的只是稳定的必要条件).

清华大学的高云峰教授和北京航空航天大学的蒋持平教授点评如下:第9题涉及纲体的一般运动,但是动球受非完整约束,故不能应用拉氏二类方程;又动球在最高点附近运动,所以也不能用球坐标描述球心的位置(在最高点时,球坐标的经度角没有定义),这是本题的难点之一.另外多自由度系统的稳定性条件也是难点.列出动力学方程并不难,因此本题的陷阱包括:学生可能不注意前提条件,上来就列方程,因此根本没注意方程是否能成立;或是做了一半发现出现奇点要重做.即使排除这些难点,本题的计算量也很大.从目前的教学要求看,纲体的一般运动超出了基本要求.

从数学的角度看,此题是苏联数学家恰普雷金所奠基的非完整约束系统理论的一个特例.

恰普雷金(1869—1942,Чаплыгин Сергей Алексеевич),苏联人.1869年4月5日出生.1890年毕业于莫斯科大学.1902年获莫斯科大学博士学位,同时成为该校教授.1929年成为苏联科学院院士.1942年10月8日逝世.恰普雷金在数学上的贡献主要在微分方程理论、复变函数论方面;他创立了微分方程近似解法的恰普雷金方法.恰普雷金还在理论力学和流体力学方面做出了更重要的贡献.

作为力学家的恰普雷金远比作为数学家的恰普雷金著名.在中国大百科全书的力学卷中专门有由我国

著名力学家薄树人撰写的词条以描述恰普雷金：

C. A. 恰普雷金（Сергей Алексеевич Чаплыгин，1869—1942），苏联力学家（图2）.1869年4月5日生于梁赞省的拉宁堡，1942年10月8日卒于新西伯利亚.1890年在莫斯科大学物理数学系毕业后留校任教，1894年升为副教授.1895年后在莫斯

图2

科测地学院、莫斯科高等技术学校、莫斯科妇女高等讲习所等处任教.1902年获博士学位.1903年当选为莫斯科大学应用数学讲座教授.1918年和 H. E. 儒科夫斯基一起创建中央空气流体动力学研究所（ЦАГИ），1931年任该所所长.

恰普雷金在1894~1897年完成的论文《论固体在液体中运动时的若干情况》就像 S. –D. 泊松对纲体在真空中按惯性运动的研究一样，具有经典的性质.他在1897年完成的论文《论重物在水平面上的旋转运动》中对拉格朗日方程作了概括和补充，导出了一组非完整系统的一般运动方程.由于以上两项研究，彼得堡科学院在1899年授予他金质奖章.

他在1902年完成的博士论文《论气体射流》中研究了气体在亚声速下的射流运动，对此后很长一段时间内的近声速飞行中气体对飞机的影响问题有重要意义.他在1910年发表的论文《论平行平面流在堵塞体上的压力》中提出如下假说：当气流顺利流过机翼时，它的尖后缘必定是机翼上下两面气流的会合线.这一假说和儒科夫斯基定理共同解决了气流在流线型物体

恰普雷金定理

上的作用力问题,被称为恰普雷金－儒科夫斯基假说. 从这个假说出发,他导出气流在阻塞体上的压力的恰普雷金公式. 他后期的工作解决了一系列气体动力学的复杂问题,如举力点的确定、机械化机翼理论、机翼在飞行中的稳定问题等.

这道试题的风格是英国剑桥大学的数学 Tripos 的风格. 据《拉马努金传》的作者 Kanigel 所描述:数学 Tripos 是十分费时费心的. 你要一连坐四天解题目,常常会做得很晚. 休息一个星期之后,再来四天. 上一半是测验速度,而有时只是算术测验,题目比较容易,有中等的学力就能通过. 下一半是加倍计分,题目也难得多. 这一半,甚至成绩很好的学生以及在数学上有建树的学生,都可能不知道从何下手. 实在是骇人的考验,回想起来都令人胆寒. 一位英国数学家多年后写道:"Tripos 是全世界最难的考试,如今还没有任何大学的考试能和它相提并论."

Tripos 已经不只是一场考试而已,它成了一种制度. 当 1896 年哈代进入剑桥大学时,这个制度其实已包含了围绕着它的种种学术性的仪式赋予它的高度评价,支持这一制度的其他种种体制,甚至与它的数学风格全都混成一体. 最早的 Tripos 可以追溯到 1730 年,而且一直都是这么难. 时光累积之下,它似乎要求越来越高,声望也越来越大,这一神圣的传统荣耀同时也成了一种沉重的负担.

Tripos 成绩分三个等级,候选人要根据其考试成绩来排定等级. 在评议会大楼宣读名次,仪式非常隆重. 三级中的第一级,称之为优等生(那时用的名称是 Wrangler,起初,在 Tripos 考试中常常发生关于逻辑的

引言　从一道全国大学生力学竞赛试题谈起

争辩,Wrangler 一词就是争辩的意思),优等生的第一名称之为 Senior Wrangler(下文简称"优等第一"). 为了要知道谁得到优等第一,人们都聚集到评议会大厅,甚至一向被"排挤"在剑桥大学生活圈外的女孩子们也想进来一睹风采. 她们对这些优等生既有崇拜之情又有爱慕之心,这是不难想象的. 正如 1751 年有人对一位副校长所说的:"也希望这些优等生能结识那些年轻的小姐……来祝贺他们的荣誉,分享他们的欢乐."

到了哈代的时代,欢乐和荣誉似乎更重要了. 优等第一,以及排在后面的各位优等生,都得到朋友或同学们的欢呼和鼓掌. 毕业典礼那天,副校长坐在评议会大厅一端的讲台上,学院的辅导员宣读名单并将证书一张张递给他. 接受证书的学生跪在他面前,他抬起学生的双手,用拉丁文再重复宣读一遍他们的学位.

二等生和三等生分别称为 Senior Optimes 和 Junior Optimes. 当三等生的最后一位——也就是三个等级的最后一名——去领取证书时,他的朋友们就从评议会大厅最高一层座席上,慢慢地、庄重地垂下一个木头做的大汤匙. 实际上这是一把搅糖浆的大木铲,和人一样高,上面刻有希腊文和装饰用的花纹. 当他站起身时,就举起这个粗笨的东西,洋洋得意地和他的朋友们大步走出大厅.

当然这个大木汤匙是个安慰奖. 优等第一所得到的荣誉却不是一件小事,它像光环一样,会终生罩在他身上. 有人为美国的读者写道:"即使一个人得到了全美球队的队员称号,或成为罗兹(Rhodes)奖学金的得主,或成为当年最佳大学毕业生的第一名,这些都不足以和优等第一相提并论". 优等生的前十名,不但有一定程度的荣耀,也保证有出人头地的职业. 半个世纪之后,为英国数学家写的讣告一定会提到死者是一位优等第一,或优等生里的第二名或第四名,等等. 有一部《剑桥哲学会史》准确地写道:"优等第一并不都是大数学家……(不过)如果他搞数学,一定会有相当大的影响力."

在剑桥大学,在全英国,优等第一成了名人. 人人都想和他搭点关系,好像他是肯塔基(Kentucky)大赛马冠军的马主一样——即使连赛马的基本常识都没有,他也成了明星. 伦敦《泰晤士报》一定有夺魁的现场报道. 印有他相片的明信片也会在各处销售. 20 世纪初有一张照片:胜利者坐在户外的一把椅子上,皮鞋擦得亮光光,双手合抱——好一副跑马冠军的神气.

这一切都很正常,十足的英国味. Tripos 多多少少能反映出一个人的数学能力,这是毋庸置疑的;要成为大数学家的话,多半是个优等生而不会是举木汤匙的那位老兄,这也是无人怀疑的. 但是全靠考试成绩排定名次是否精确,则各人所见不同. 实际上有许多例子说明,优等的第二名比第一名更有成就. 著名的数学物理学家麦克斯韦(James Clerk Maxwell)就是优等第二名. 发现电子的 J. J. 汤姆孙(J. J. Thomson)也是. 除此之外,还有热力学家开尔文勋爵(Lord Kelvin),那时他还叫威廉·汤姆森(William Thomson),都是当年最好的数学家. 每个人,包括他自己在内,都认为自己会得第一名. "你到评议会大厅去跑一趟,看看谁是第二名",他对仆人说. 仆人回来后就说:"是你,先生." 另有别人 Tripos 考得比他好,但此人的姓名如今已被人遗忘.

引言　从一道全国大学生力学竞赛试题谈起

问题在于,由此产生了所谓的"Tripos 数学". 这种数学与数学家所研究的严肃有用的数学毫无关系. Tripos 中暗藏机关,极富挑战性,是可以把优等生和木汤匙老兄分开的. 例如在 1881 年,在总分 33 541 分中优等第一得到 16 368 分,而木汤匙老兄只得到 247 分. 不过这种 Tripos 数学问题往往过时了,其主要来自欧几里得、牛顿关于数学物理的习题——例如一个球体在圆柱上旋转,求其运动方程,或是一个涉及卡诺循环的热力学问题,等等. 这些问题要求既快又准确地处理数学公式,考查的只是较为肤浅的聪明而不是真正的洞察力.

即使能顽强地坚持也无济于事,因为 Tripos 考题的证明不需太复杂,关键是要找到暗藏的机关. 有一次考试,最好的学生——也是当年的优等第一——发现自己正在大伤脑筋的时候,另一位成绩较差的同学却做出来了. 他马上悟到有暗藏的机关,就回头再看一遍,自己也找到了. 所以汤姆孙大胆地提倡说,能够激发个人潜质的 Tripos 可以作为培训律师的最好手段.

为了在 Tripos 中获得胜利,就产生了另一种教育制度. 在 19 世纪,剑桥大学和牛津大学的讲师自成一个天地,与学生很少接触. 讲解工作全由各学院的辅导教师负责,但是他们又不能为学生辅导 Tripos,因此有了第三势力来填补这个空白——私人导师.

私人导师并不教数学,他们收了可观的学费后,只是训练你如何应付 Tripos. 有一位未来的优等第一写道,他们像驯马一样地训练你. 他们找出以前的考试题目,分门别类加上标记,四五个人一组,逐个地讲解题目. 他们本身很难有什么重要的数学成就. 他们的"成

恰普雷金定理

果"就是教出几个考上优等第一的人. 有一位名叫劳思(E. J. Routh)的导师,一连十几年培养出 20 多位优等第一.

学生的负担太重了. 著名数学家约翰·伊登索尔·李特尔伍德(John Edensor Littlewood)写道:"想要考上优等第一,三分之二的时间是练习如何很快地解出难题."上课变成了奢侈的事. 福赛思(A. R. Forsyth)讲到 19 世纪 70 年代末的那些教授时写道:"他们没有教我们什么,我们也没有给他们机会. 我们也不读他们的著作,因为已经肯定,我们也相信,那些东西对 Tripos 没有帮助. 许多学生很可能看见教授都不认识. 在一个以数学著名的大学里的数学系学生会有这种怪事发生,主要原因(即便不是唯一的原因)就是 Tripos 和它周遭的环境. 这种环境,变得如此恶劣,好比英国宪章一样,轻描淡写地批评根本无济于事."

这是福赛思时代的情况,到了哈代时代仍然是这样. Tripos 不可能鼓励任何人在新的数学领域里探索,不论这种探索是否能满足个人的心愿,只要无助于考试,一律不被鼓励. 考得好,会带来事业上的成功——在好学校里得到一个好职位——但若只是在研究工作上有兴趣,则不一定能得到这种成功,正像南印度人娶到个漂亮的老婆,这是他生活的最高峰却不一定是美满生活的前奏.

哈代也被卷入了这个制度之内. 第一学期,他被交到一位叫韦布(R. R. Webb)的先生的手里,他是当时调教优等第一的一把好手. 在剑桥大学,每学年分 3 个学期,每学期 7 周或 8 周. 一般来说,一连 10 个学期里,私人导师做他自己的工作,学生也做自己的工作.

引言 从一道全国大学生力学竞赛试题谈起

最后,直到寒冷的正月,学生坐进评议会大楼没有暖气的房间里开始 Tripos 的煎熬. 这就是哈代所能预见的前程.

哈代并不是第一位有数学天分的人受这种考试的折磨. 例如罗素,1893 年他是优等第七名,但此后他在数学和哲学上都有极大的贡献. 后来他对如何准备考试这样写道:"数学好像是捉迷藏,摆弄巧妙的机关,玩填字游戏." 考完之后,他发誓以后决不再看数学书. 有一段时间,他把自己的数学书全都卖掉.

罗素到底还是把路走完了,许多其他的人也一样. 哈代后来的同事李特尔伍德私下对哈代说,在他看来这考试空洞无用,可是他仍然咬紧牙关,"有意将他的数学教育推迟两年,一心一意准备对付 Tripos,拿到优等第一之后再来下功夫攻数学. 他希望这样做不会太影响他的生涯." 哈代说他自己也"存了毫无希望的羡慕之情",走的是同样的路.

但是此时年轻的哈代刚来剑桥大学不久,又心怀失望之情. 他认为自己无法走完这条愚蠢的路,所以还不如放弃数学算了.

恰普雷金论非完整约束系统

第 1 章

§1 论重旋转体在水平面上的运动①

在 1895 年芬兰科学会会报（Acta Societatis Scientiarum Fennicae）第 20 卷第 10 期中，登载了林德勒夫（Ernst Lindelöf）的论文"论旋转体在水平面上的滚动". 在该论文中，作者似乎已将他所提出的问题完全解决，而且所有的计算都划归到某些积分的计算. 但在开始数页里，当推导微分方程的时候，林德勒夫造成了一个重大的错误，因而他所得出的方程比作者实际所得到的要简单些. 本文第一部分的内容，是 1895 年 10 月 25 日作者在业余自然科学工作者协会物理分会的会议上的报告，用以批判林德勒夫的方法；在第二部分中，作者给

---

① 本节最初刊载于业"余自然科学工作者协会物理科学分会工作"（Труды Отделения Физических Общества любителей естествоэнания）第九卷, 1897.

第 1 章　恰普雷金论非完整约束系统

出了正确的解法,而且只有在以下的情形下才能用积分号求解:当所列出的主要的线性微分方程是二阶的方程时. 设有某个力学系统,在任一瞬间均由 n 个参数 $q_1, q_2, \cdots, q_n$ 所决定,各参数的变分受 m 个形式如下的条件约束

$$A_1^{(k)} \delta q_1 + A_2^{(k)} \delta q_2 + \cdots + A_n^{(k)} \delta q_n = 0 \quad (k = 1, 2, \cdots, m) \tag{1}$$

其中 $A_1^{(k)}, A_2^{(k)}, \cdots, A_n^{(k)}$ 都是各个参数的函数. 假定方程组(1)为不可积的,在广义的速度 $\dot{q}_s$ 之间,显然有如下形式的关系式

$$A_1^{(k)} \dot{q}_1 + A_2^{(k)} \dot{q}_2 + \cdots + A_n^{(k)} \dot{q}_n = 0 \tag{2}$$

由达朗贝尔原理得

$$\sum_{s=1}^{n} \left\{ \frac{\mathrm{d}}{\mathrm{d}t} \frac{\partial T}{\partial \dot{q}_s} - \frac{\partial T}{\partial q_s} - \frac{\partial U}{\partial q_s} \right\} \delta q_s = 0 \tag{3}$$

其中 T 是动能而 U 为势函数. (由方程(1)可知,对于系统中所有满足该方程的可能位移,其所产生反力的功等于零.)

设 $A_i^{(k)}$ 仅仅与

$$q_{m+1}, \cdots, q_n$$

有关,则由方程(1),(2),使得将

$$\dot{q}_1, \dot{q}_2, \cdots, \dot{q}_m \text{ 与 } \delta q_1, \delta q_2, \cdots, \delta q_m$$

用其余参数以及各参数的导数与变分表出如下

$$\begin{cases} \dot{q}_1 = B_{m+1}^{(1)} \dot{q}_{m+1} + \cdots + B_n^{(1)} \dot{q}_n \\ \dot{q}_2 = B_{m+1}^{(2)} \dot{q}_{m+1} + \cdots + B_n^{(2)} \dot{q}_n \\ \quad \vdots \end{cases} \tag{4}$$

$$\begin{cases} \delta q_1 = B_{m+1}^{(1)} \delta q_{m+1} + \cdots \\ \delta q_2 = B_{m+1}^{(2)} \delta q_{m+1} + \cdots \\ \quad \vdots \end{cases} \tag{5}$$

恰普雷金定理

其中 $B_i^{(k)}$ 是 $q_{m+1},\cdots,q_n$ 的函数.

倘若 U 与前 m 个参数无关,而 T 仅与诸参数的导数有关,则由方程(4),(5)即可完全消去方程(3)中的 m 个参数. 在方程(3)中引入 $\delta q_1, \delta q_2, \cdots, \delta q_m$ 的表达式,然后再令独立变分的系数等于零,则得

$$\frac{\mathrm{d}}{\mathrm{d}t}\frac{\partial T}{\partial \dot{q}_s} - \frac{\partial(T+U)}{\partial q_s} + \sum_{i=1}^{m} B_s^{(i)} \frac{\mathrm{d}}{\mathrm{d}t}\frac{\partial T}{\partial \dot{q}_i} = 0 \quad (s=m+1,\cdots,n)$$

(6)

利用方程(4),将 T 的表达式中的 $\dot{q}_1, \dot{q}_2, \cdots, \dot{q}_m$ 消去,而记所得的结果为 (T),则有

$$\frac{\partial(T)}{\partial \dot{q}_s} = \frac{\partial T}{\partial \dot{q}_s} + \sum_{i=1}^{m} \frac{\partial T}{\partial \dot{q}_i} B_s^{(i)}$$

$$\frac{\partial(T)}{\partial q_s} = \frac{\partial T}{\partial q_s} + \sum_{i=1}^{m} \frac{\partial T}{\partial \dot{q}_i} \frac{\partial \dot{q}_i}{\partial q_s}$$

并且

$$\frac{\partial \dot{q}_i}{\partial q_s} = \sum_{k=m+1}^{n} \frac{\partial B_k^{(i)}}{\partial q_s} \dot{q}_k$$

根据这些方程即得

$$\frac{\mathrm{d}}{\mathrm{d}t}\frac{\partial T}{\partial \dot{q}_s} + \sum_{i=1}^{m} B_s^{(i)} \frac{\mathrm{d}}{\mathrm{d}t}\frac{\partial T}{\partial \dot{q}_i} = \frac{\mathrm{d}}{\mathrm{d}t}\frac{\partial(T)}{\partial \dot{q}_s} - \sum_{i=1}^{m}\frac{\partial T}{\partial \dot{q}_i}\frac{\mathrm{d}}{\mathrm{d}t}B_s^{(i)}$$

从而方程(6)可以重写为

$$\frac{\mathrm{d}}{\mathrm{d}t}\frac{\partial(T)}{\partial \dot{q}_s} - \frac{\partial(T)}{\partial q_s} - \frac{\partial U}{\partial q_s} +$$
$$\sum_{i=1}^{m} \frac{\partial T}{\partial \dot{q}_i} \left\{ \sum_{k=m+1}^{n} \left(\frac{\partial B_k^{(i)}}{\partial q_s} - \frac{\partial B_s^{(i)}}{\partial q_k} \right) \dot{q}_k \right\} = 0 \quad (7)$$

显然,欲使这组方程具有一般的拉格朗日方程

$$\frac{\mathrm{d}}{\mathrm{d}t}\frac{\partial(T)}{\partial \dot{q}_s} - \frac{\partial(T)}{\partial q_s} - \frac{\partial U}{\partial q_s} = 0 \quad (8)$$

的形式,则其必要条件为各函数 B 完全满足如下形式

第1章 恰普雷金论非完整约束系统

的关系式
$$\frac{\partial B_s^{(i)}}{\partial q_k} - \frac{\partial B_k^{(i)}}{\partial q_s} = 0$$

其中 i,k,s 是一切可能的标号;而在这种情形下,方程(1),(2)即为可积的,因此在参数 $q_1,q_2,\cdots,q_n$ 之间必有有限的关系式,与假设不合.(倘若方程(1)可以化为 $\frac{\partial T}{\partial \dot{q}_1} = 0,\cdots,\frac{\partial T}{\partial \dot{q}_m} = 0$ 的形式,则方程(7)也与(8)相同;这是例外的情形,在以后的讨论中并不成立.)

现考察林德勒夫如何给出他的问题中的微分方程.设有纲体,其形状及质量的分布都关于 $G\zeta$ 轴对称,G 是它的重心,设此纲体与不动的水平面 OXY 接触于点 C(图1).用 α 表示物体的轴与其子午线 $C\zeta$ 的水平切线 NM 的交角 ζNM,用 β 表示这条子午线的平面与物体的任一个子午面的交角,又用 γ 表示直线 NM 与不动轴 OX 的交角,则物体的位置完全取决于 α,β,γ 各角及点 C 的坐标 x,y.假设沿平面 OXY 上不可能滑动,那么物体在点 C 处的速度等于零.由此种情况即可写出一组方程,联系(决定物体位置的)参数的变分及参数关于时间的导数,该方程具有如下形式

$$\begin{cases} \delta x = A\delta\alpha + B\delta\beta + C\delta\gamma \\ \delta y = A_1\delta\alpha + B_1\delta\beta + C_1\delta\gamma \\ \dot{x} = A\dot{\alpha} + B\dot{\beta} + C\dot{\gamma} \\ \dot{y} = A_1\dot{\alpha} + B_1\dot{\beta} + C_1\dot{\gamma} \end{cases} \quad (9)$$

其中 $A,B,\cdots,C_1$ 均与 x,y 无关.这组方程是不能求积分的,因为 x,y 本质上并不是 α,β,γ 的函数.在得出动能的表达式时,林德勒夫便已经计入了方程(9),然后再用表达式(T)便将微分方程写成了(8)的形式而不

是(7)的形式,但事实上应该是(7)的形式,这就是林德勒夫的错误所在.

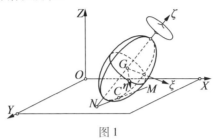

图1

现在笔者将应用分析法阐述这个问题. 选取两个坐标系(图1): $O-XYZ$ 是不动的,而 $G-\xi\eta\zeta$ 是动的. 假设后者的 $G\xi$ 轴随时都在铅直子午线的平面内,而 $G\eta$ 轴垂直于这个平面,用林德勒夫的参数来决定物体的位置,并以 u,v,w 代表点 G 关于动轴的速度分量,用 p_1,q_1,r_1 代表该轴的角速度分量,又用 p,q,r 代表物体本身的角速度在上述各轴上的投影. 为了更普遍化起见,将物体连以一个回转仪,其轴与 $G\zeta$ 轴重合(而且回转仪关于物体具有常数角速度),又此回转仪绕其轴的(总)动量矩用 s 代表,则 s 显然为常数(回转仪的支承轴上的摩擦力不计). 其次假设 M 为物体与回转仪的质量,G 为系统的重心,A 为系统绕 $G\xi$ 与 $G\eta$ 轴的惯性矩,B 是单个物体的惯性矩,而 B' 为单个回转仪的惯性矩——两者都关于对标轴而言;又设 R 为点 C 的摩擦力在 $G\eta$ 轴上的投影,ξ 与 ζ 为点 C 在子午面 $C\zeta$ 内的坐标.

因为 $G\zeta$ 轴在物体内不动,所以

$$p = p_1, q = q_1 \tag{10}$$

又 r_1 易于用 p 表出,平面 $G\zeta\xi$ 随时都保持铅直,所以

第 1 章 恰普雷金论非完整约束系统

动轴的角速度在 NM 上的投影等于零,从而
$$r_1 = -p_1 \tan \alpha \qquad (11)$$
又因为物体上的点 C 处并无速度,所以
$$\begin{cases} u + q\zeta = 0 \\ v + r\xi - p\zeta = 0 \\ w - q\xi = 0 \end{cases} \qquad (12)$$

我们易于得出下列方程
$$M\left(\frac{\mathrm{d}v}{\mathrm{d}t} + r_1 u - p_1 w\right) = R$$
$$A\frac{\mathrm{d}p}{\mathrm{d}t} + (Br+s)q_1 - Aqr_1 = -\zeta R$$
$$B\frac{\mathrm{d}r}{\mathrm{d}t} + Aqp_1 - Apq_1 = \xi R$$

根据方程(10),(11),(12),可将上述各式重写为如下的形式
$$\begin{cases} \dfrac{\mathrm{d}}{\mathrm{d}t}(p\zeta - r\xi) + pq(\zeta \tan \alpha - \xi) = \dfrac{R}{M} \\ A\dfrac{\mathrm{d}p}{\mathrm{d}t} + (Br + s + Ap\tan \alpha)q = -\zeta R \\ B\dfrac{\mathrm{d}r}{\mathrm{d}t} = \xi R \end{cases} \qquad (13)$$

但因
$$q = -\frac{\mathrm{d}\alpha}{\mathrm{d}t} \qquad (14)$$

故由方程(13)消去 R,并化简,则得
$$\begin{cases} A\dfrac{\mathrm{d}p}{\mathrm{d}\alpha} + B\dfrac{\zeta}{\xi}\dfrac{\mathrm{d}r}{\mathrm{d}\alpha} = Br + s + Ap\tan \alpha \\ \zeta\dfrac{\mathrm{d}p}{\mathrm{d}\alpha} - \dfrac{B + M\xi^2}{M\xi}\dfrac{\mathrm{d}r}{\mathrm{d}\alpha} = r\dfrac{\mathrm{d}\xi}{\mathrm{d}\alpha} - p\left(\dfrac{\mathrm{d}\zeta}{\mathrm{d}\alpha} + \xi - \zeta\tan \alpha\right) \end{cases} \qquad (15)$$

这里假设 ξ,ζ 都是 α 的确定函数,这种函数与子午线

的形式有关. 由方程(15)可以导出二阶线性方程;对这个方程积分,便可以得出 p,r 与 α 的关系,其中包含两个任意常数,然后即可解决这个问题. 事实上,我们作动能 T 的表达式

$$2T = A(p^2 + q^2) + Br^2 + Mq^2(\xi^2 + \zeta^2) + M(p\zeta - r\xi)^2 + \frac{s^2}{B'}$$

又势函数 U 具有

$$U = -Mgz$$

的形式,其中

$$z = \xi\cos\alpha - \zeta\sin\alpha$$

为重心在平面 OXY 上的高度. 考虑到由回转仪绕其轴旋转而产生的动能 $\frac{s^2}{2B'}$ 是常数,则有

$$Ap^2 + Br^2 + M(p\zeta - r\xi)^2 + \{A + M(\xi^2 + \zeta^2)\}q^2 +$$
$$2Mg(\xi\cos\alpha - \zeta\sin\alpha) = 常数 \qquad (16)$$

由此方程即可得出 q 为 α 的函数. 又 α 与时间的关系可以由方程

$$dt = -\frac{d\alpha}{q} \qquad (17)$$

来确定. 此外,方程

$$\begin{cases} \dfrac{d\beta}{dt} = r - r_1 + r + p\tan\alpha \\ \dfrac{d\gamma}{dt} = -p\cos\alpha + r_1\sin\alpha = -\dfrac{p}{\cos\alpha} \end{cases} \qquad (18)$$

可以确定 β,γ. 至于 x,y,则由下列公式得出

$$dx = ds'\cos\gamma - ds''\sin\gamma$$
$$dy = ds'\sin\gamma + ds''\cos\gamma$$

其中 ds', ds'' 分别为子午线与平行圈在点 C 的弧元素, ds' 由 N 量到 M,ds'' 由图中向前量. 我们易于看出

第 1 章 恰普雷金论非完整约束系统

$$\begin{cases} \mathrm{d}s' = -\sqrt{\left(\dfrac{\mathrm{d}\xi}{\mathrm{d}\alpha}\right)^2 + \left(\dfrac{\mathrm{d}\zeta}{\mathrm{d}\alpha}\right)^2}\,\mathrm{d}\alpha \\ \mathrm{d}s'' = -\xi\mathrm{d}\beta \end{cases} \quad (19)$$

现在回来考虑方程(15). 问题的解答有赖于这组方程的积分式. 我们要注意存在以下特殊情形使得不能应用这组方程, 而必须直接由方程组(13)求解. 当

$$q = -\frac{\mathrm{d}\alpha}{\mathrm{d}t} = 0, \alpha = 常数$$

时, 便是这种情形; 此时由方程(13)易于求出

$$R = 0, p = 常数, r = 常数$$

由其余 3 个微分方程确定的常数, 必定存在某种关系, 兹从略. 这种关系可以由该方程中消去物体在 OXY 面上的法线压力以及摩擦力沿子午线的切线上的分量而得. 这个关系表示下面的事实: 重力与惯性力的合力通过支承点.

考虑方程(15)的目的, 是要找出此种最简单的特殊情形, 使上述方程易于求积; 但首先我们可以注意它的一个有趣的特性: 由(15)所导出的二阶线性方程, 当 $s = 0$ 时, 也就是当回转仪不存在时, 不能有右边的部分. 如果在这种情形下, 物体运动的问题已经解决, 则添入回转仪时, 仅仅在上述的线性方程中引入一定形式的右边部分, 此时问题也可以彻底解决.

将方程(15)写成下面的形式

$$A\frac{\mathrm{d}}{\mathrm{d}\alpha}(p\cos\alpha) + \frac{B\zeta}{\xi}\cos\alpha\frac{\mathrm{d}r}{\mathrm{d}\alpha} = (Br + s)\cos\alpha$$

$$\frac{\mathrm{d}}{\mathrm{d}\alpha}[p\cos\alpha \cdot \zeta \mathrm{e}^{\int\frac{\xi}{\zeta}\mathrm{d}\alpha}] - \frac{B+M\xi^2}{M\xi}\cos\alpha \cdot \mathrm{e}^{\int\frac{\xi}{\zeta}\mathrm{d}\alpha} \cdot \frac{\mathrm{d}r}{\mathrm{d}\alpha}$$

$$= r\cos\alpha \cdot \frac{\mathrm{d}\xi}{\mathrm{d}\alpha} \cdot \mathrm{e}^{\int\frac{\xi}{\zeta}\mathrm{d}\alpha} \quad (20)$$

恰普雷金定理

这组方程可以被
$$Br + s = 0, p\cos\alpha = 常数 = a$$
所满足. 倘若物体具有满足
$$a\frac{\mathrm{d}}{\mathrm{d}\alpha}\zeta \mathrm{e}^{\int\frac{\xi}{\zeta}\mathrm{d}\alpha} = -\frac{s}{B}\mathrm{e}^{\int\frac{\xi}{\zeta}\mathrm{d}\alpha}\cos\alpha\frac{\mathrm{d}\xi}{\mathrm{d}\alpha} \quad (21)$$
的子午断面,换言之,当
$$\frac{\mathrm{d}\zeta}{\mathrm{d}\alpha} + \xi = -m\cos\alpha\frac{\mathrm{d}\xi}{\mathrm{d}\alpha}$$
时,其中
$$m = \frac{s}{aB}$$
比较上式与显然成立的方程
$$\frac{\mathrm{d}\xi}{\mathrm{d}\zeta} = \tan\alpha$$
便得到方程
$$\cos\alpha \cdot \frac{\mathrm{d}\xi}{\mathrm{d}\alpha}\left[m + \frac{1}{\sin\alpha}\right] + \xi = 0$$
用以确定 ξ,α 之间的关系.

笔者认为最简单但最有趣的此类情形是:回转仪放在圆盘上面,此时
$$\xi = 常数 = b, \zeta = 常数 = c$$
而方程(21)当 $a = 0$ 时成立,从而当 $p = 0$ 时也成立. 这样的运动可以用如下的仪器来实现:设在圆盘 Q 上的回转仪 P(图2),盘上有四根相交于点 S 的柱子;在 S 与圆盘的中心 T 处,回转仪的轴尖插入凹处. 在其中一个柱子上的点 M 与回转仪上的点 N 处卷以坚固的橡皮带,其两端并未固定;将橡皮带卷紧,再将仪器置于座上,然后抛掷仪器并除去橡皮带. 则由此种初始情形即得关系式

第1章 恰普雷金论非完整约束系统

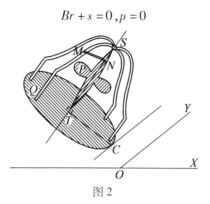

图2

当仪器做上面所说的运动时,有

$$\left(\frac{d\alpha}{dt}\right)^2 + \frac{2Mg}{A+M(b^2+c^2)}(b\cos\alpha - c\sin\alpha) = h$$

来确定参数与时间的关系.令 α_0 为 α 角的一个值,使 $\frac{d\alpha}{dt}=0$,并令

$$b = \rho\cos\mu, k = \frac{2Mg\rho}{A+M(b^2+c^2)}, -c = \rho\sin\mu$$

则由上式即得

$$\left(\frac{d\alpha}{dt}\right)^2 = k[\cos(\alpha_0 - \mu) - \cos(\alpha - \mu)]$$

由此方程可知,α 按照钟摆的规律变化,由方程(18)得出

$$\beta = rt + \beta_0, \gamma = \gamma_0 = 0$$

并且等式 $\gamma_0 = 0$ 可以由 OX,OY 两轴的方向经适当选择而得.又点 C 的轨迹是直线,原因是

$$dx = 0, dy = -brdt$$

在所讨论的情形中,圆盘与回转仪无关,而方程(15)的通解可以用比较简单的形式表出.事实上,用

r' 表示 $\dfrac{Br+s}{A}$,并与前面一样,令 $\xi=b, \zeta=c$,则得一组确定 p 与 r' 的方程

$$\frac{\mathrm{d}p}{\mathrm{d}\alpha} + \frac{c}{b}\frac{\mathrm{d}r'}{\mathrm{d}\alpha} = r' + p\tan\alpha$$

$$\frac{\mathrm{d}p}{\mathrm{d}\alpha} - \frac{B+Mb^2}{Mbc} \cdot \frac{A}{B}\frac{\mathrm{d}r'}{\mathrm{d}\alpha} = p\left(\tan\alpha - \frac{b}{c}\right)$$

由此即有

$$\left\{\frac{c}{b} + \frac{B+Mb^2}{Mbc} \cdot \frac{A}{B}\right\}\frac{\mathrm{d}r'}{\mathrm{d}\alpha} = r' + p\frac{b}{c}$$

然后

$$\left\{\frac{c^2}{b^2} + \frac{B+Mb^2}{Mb^2} \cdot \frac{A}{B}\right\}\frac{\mathrm{d}^2 r'}{\mathrm{d}\alpha^2}$$

$$= r'\left[1 - \frac{c}{b}\tan\alpha\right] + \frac{\mathrm{d}r'}{\mathrm{d}\alpha}\tan\alpha\left\{\frac{c^2}{b^2} + \frac{B+Mb^2}{Mb^2} \cdot \frac{A}{B}\right\}$$

倘若 $c=0$,也就是说,系统的重心在盘子所在的平面内,则令

$$\sin\alpha = x$$

时,即 r' 的方程化为

$$\frac{\mathrm{d}}{\mathrm{d}x}(1-x^2)\frac{\mathrm{d}r'}{\mathrm{d}x} = l^2 r'$$

的形式,从而 r' 可以用 x 的超几何函数表出;这种函数也可以表出 p,然后像前面所说的一样,用积分号即可结束求积法.

现在转到我们所求出的第三个,也就是最后一个特殊情形. 我们考虑物体的表面应该呈何种形状,使得(15)中的第一个方程,也就是(20)中的第一个方程,能够单独求积分. 由方程(20)可以得到所需的条件如下

第1章 恰普雷金论非完整约束系统

$$\frac{\mathrm{d}}{\mathrm{d}\alpha}\frac{\zeta}{\xi}\cos\alpha = -\cos\alpha$$

由此积分得

$$\frac{\zeta}{\xi} = \frac{l-\sin\alpha}{\cos\alpha}$$

$$\zeta = \rho(l-\sin\alpha), \xi = \rho\cos\alpha \qquad (22)$$

于是

$$\mathrm{d}\zeta = \mathrm{d}\rho(l-\sin\alpha) - \rho\cos\alpha\mathrm{d}\alpha$$
$$\mathrm{d}\xi = \mathrm{d}\rho\cos\alpha - \rho\sin\alpha\mathrm{d}\alpha$$

但

$$\mathrm{d}\xi\cos\alpha - \mathrm{d}\zeta\sin\alpha = 0$$

所以

$$\mathrm{d}\rho(l\sin\alpha - 1) = 0, \rho = 常数$$

由方程(22)可知,物体由半径为 ρ 的球面所围成,球心在 $G\zeta$ 轴上,与系统的重心的距离为 ρl. 在这种情形下,将方程(20)积分即得

$$Ap\cos\alpha + (Br+s)(l-\sin\alpha) = a \qquad (23)$$

(15)中的第二个方程,可以利用第一个方程化为

$$\left(B\frac{\zeta}{\xi} + A\frac{B+M\xi^2}{M\xi\zeta}\right)\frac{\mathrm{d}r}{\mathrm{d}\alpha} - Br - s + A\frac{r}{\zeta}\frac{\mathrm{d}\xi}{\mathrm{d}\alpha} = 0$$

的形式,原因是

$$\xi + \frac{\mathrm{d}\zeta}{\mathrm{d}\alpha} = 0$$

将(22)中 ξ, ζ 分别代入,则得到确定 r 的方程

$$\left\{B\rho^2(l-u)^2 + \frac{AB}{M} + A\rho^2(1-u^2)\right\}\frac{\mathrm{d}r}{\mathrm{d}u} -$$
$$r[B\rho^2(l-u) + A\rho^2 u]$$
$$= \rho^2 s(l-u)$$

恰普雷金定理

其中
$$u = \sin \alpha$$

将上式积分,则得

$$r\sqrt{\frac{AB}{M\rho^2} + A(1-u^2) + B(l-u)^2} - \int \frac{s(l-u)\mathrm{d}u}{\sqrt{\frac{AB}{M\rho^2} + A(1-u^2) + B(l-u)^2}} = b \quad (24)$$

在所讨论的情形中做进一步的计算,可以导出十分复杂的积分式,它们在某些特殊的假设下可以化简.例如,倘若令 $l=0$,也就是说,假设重心与球心重合,则得波贝略夫(Д. К. Бобылёв)与茹可夫斯基(H. E. Жуковский)教授所研究过的情形.我们易于看出,这种假设完全取消了重力的作用,而重力仅仅加在系统对于平面 OXY 的作用中.我们不拟停留在这种已经完全解决了的情形中,而仅仅指出,此时所有的参数均可用时间的椭圆函数表出.

由另一种特殊假设——回转仪不存在,可以引出比较复杂的结果. 在公式(23)与(24)中,令
$$s = 0$$

则此二式即化为

$$\begin{cases} p\cos\alpha + m^2(l - \sin\alpha)r = a \\ r\sqrt{\frac{B}{M\rho^2} + 1 - u^2 + m^2(l-u)^2} = b \end{cases} \quad (25)$$

其中
$$m^2 = \frac{B}{A}$$

第1章 恰普雷金论非完整约束系统

又动能的方程是

$$Ap^2 + Br^2 + [A + M(\xi^2 + \zeta^2)]q^2 + M(r\xi - p\zeta)^2 + 2Mg\rho(1 - l\sin\alpha) = c^2 \quad (26)$$

注意到

$$(r\xi - p\zeta)^2 = (p^2 + r^2)(\xi^2 + \zeta^2) - (p\xi + r\zeta)^2$$

$$p\xi + r\zeta = p\rho\cos\alpha + r\rho(l - \sin\alpha)$$

$$= \rho a - (m^2 - 1)r\rho(l - u)$$

$$\xi^2 + \zeta^2 = \rho^2(1 + l^2 - 2lu), \quad q\cos\alpha = -\frac{\mathrm{d}u}{\mathrm{d}t} = -\dot{u}$$

便易于将上面的等式化为

$$\{A + M\rho^2(1 + l^2 - 2lu)\}p^2\cos^2\alpha +$$
$$\{B + M\rho^2(1 + l^2 - 2lu)\}r^2\cos^2\alpha +$$
$$\{A + M\rho^2(1 + l^2 - 2lu)\}\dot{u}^2 +$$
$$2Mg\rho(1 - lu)\cos^2\alpha -$$
$$M\rho^2\{a - (m^2 - 1)(l - u)r\}^2\cos^2\alpha - c^2\cos^2\alpha = 0$$

或者利用式(25)中的第一个方程得

$$\{A + M\rho^2(1 + l^2 - 2lu)\}\{[a - m^2(l - u)r]^2 +$$
$$r^2(1 - u^2) + \dot{u}^2\} + \{(B - A)r^2 -$$
$$M\rho^2[a - (m^2 - 1)(l - u)r]^2\}(1 - u^2) +$$
$$\{2Mg\rho(1 - lu) - c^2\}(1 - u^2) = 0$$

倘若在此式中将 r 用式(25)中的第二个方程表出,再经过简单的变化,便得到一个确定 u 与时间的关系式

$$\{A + M\rho^2(1 + l^2 - 2lu)\}\dot{u}^2$$
$$= (1 - u^2)\{c^2 - 2Mg\rho(1 - lu)\} -$$
$$a^2\{A + M\rho^2(l - u)^2\} - M\rho^2 b^2\{1 - u^2 + m^2(l - u)^2\} +$$
$$2abM\rho^2(l - u)\sqrt{\frac{B}{M\rho^2} + 1 - u^2 + m^2(l - u)^2} \quad (27)$$

27

由此显然可知,欲求上式,必须将阿贝尔积分反转. 当任意常数具有特殊值 $a=0$ 或 $b=0$ 时,可以用椭圆积分求解;当质量在物体内有一种特殊的分布时,也有上述情形,即

$$\left(\frac{B}{M\rho^2}+1+m^2l^2\right)(m^2-1)=m^4l^2 \qquad (28)$$

成立. 此时方程(27)的根号里面的表达式是完全平方. 但在所讨论的情形中,物体仅须在与不动平面相接触的位置由球面围住,故可找出(例如)均匀的平截球体,使方程(28)关于它成立;用非常简单的方法可以算出,这个截球体的拱高是 0.21ρ.

现在讨论我们所注重的情形中的运动的一般性质. 首先要注意,方程(27)必定有两个在 -1 与 $+1$ 之间的实根. 事实上,将这个函数写成

$$(1-u^2)[c^2-2Mg\rho(1-lu)]-K=f(u)-K$$

则与方程(26)比较即知,当

$$-1<u<1$$

时(成立着不等式)

$$K=(1-u^2)\{Ap^2+Br^2+M(r\xi-p\zeta)^2\}>0$$

另一方面,在实际运动中应该有不等式

$$-1\leqslant u\leqslant 1, f(u)-K\geqslant 0$$

从而

$$f(u)\geqslant 0$$

最后

$$f(-\infty)>0$$

而

$$f(+\infty)<0$$

由上述可知,曲线 $y=f(u)$ 必呈图 3 所示的两种形式中的一种;倘若将曲线的 ACB 部分加以修改,使每个纵坐标都减去 K,则由问题中的条件即知,变形以后的曲线应该有在 Ou 轴上方的点,从而至少与线段 AB 相交两次,而且这条曲线在点 B 的纵坐标是负数. 又此种交点的横坐标,其绝对值通常小于 1,但其中有一个横坐标可能等于 -1 或 $+1$;欲有此种情形,则在任意常数之间必须存在着下列关系式中的一个

$$a\sqrt{A+M\rho^2(1-l)^2}+b\sqrt{M\rho^2}m(1-l)=0 \quad (29)$$

$$a\sqrt{A+M\rho^2(1+l)^2}-b\sqrt{M\rho^2}m(1+l)=0 \quad (30)$$

而这两个等式不能同时成立. 我们还要注意一点:方程

$$f(u)-K=0$$

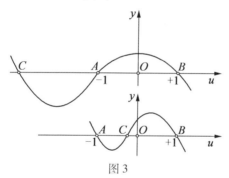

图 3

在区间 $-1 \leq u \leq 1$ 上可能有重根. 例如,倘若除了(29)以外,还成立着条件

$$c^2+2Mg\rho(1+l)+\left(\frac{a^2}{m^2}-b^2\right)M\rho^2=0 \quad (31)$$

那么 $u=-1$ 便是重根;倘若与(30)同时成立着

$$-c^2+2Mg\rho(1-l)+\left(b^2-\frac{a^2}{m^2}\right)M\rho^2=0 \quad (32)$$

恰普雷金定理

那么 $u=1$ 便是重根。所有这些条件，只有当

$$\left|\frac{a}{mb}\right|<1$$

时才可能成立，而这些条件用下面的方法易于得出：将被试的数值代入方程(27)及其导数式的右边即可。但当

$$-1<u<1$$

时，函数 K 的组成部分中所含的根式不变号，所以 u^2 是单值函数。注意到上述情况后，便易于得出

$$u=\sin\alpha$$

上式通常是时间的周期函数，它在界限 u_1, u_2 之间振动，而在 u_1, u_2 处 $\dot{u}=0$；仅有的例外情形是：此二根中的一个（例如 u_1）是重根；此时 u 渐近地接近于 u_1，并且当 $t=\infty$ 时 u 与 u_1 相同。于是，如果条件(29)与(32)或者(30)与(31)成立，那么在相当长的时间后（便近似地得到）

$$u=\pm 1$$

而运动即成为绕物体的铅直轴 $O'\zeta$ 旋转。

假设限定 u_1, u_2 是单根，那么 u 便是时间的周期函数（以 ω 为周期），从而 α 也是这样的函数，此时由方程(18)，(19)可知 s'，$\dfrac{\mathrm{d}\beta}{\mathrm{d}t}$，$\dfrac{\mathrm{d}\gamma}{\mathrm{d}t}$ 亦为同样的函数；至于 s''，γ，β 随着时间而变，每经过一个周期时它们增加一个相应的常数（与魏尔斯特拉斯的 ζ 函数相仿）。

现在来考虑球的运动与 α, β 两角的变化关系，假设角 γ 是不变的。与平面相接触的点，在球面上画出一条与实际运动相同的曲线。这种曲线顺次相间地与平行于 $O'\xi\eta$ 平面的两个圆周 D, E 相切，并由周期性的重复波所组成（图4）；这种重复波在与圆周 D 及 E

相切的点处被分为两个对称的部分. 又点 C 在平面 OXY 上描出类似形式的曲线 (C), 它顺次相间地与两条平行线相切, 原因是子午面 $CO'G$ 随时都平行于本身而运动; 在实际运动中, 球体还有周期变化着的旋转角速度 $\dfrac{\mathrm{d}\gamma}{\mathrm{d}t}$, 围绕通过点 C 的铅直线旋转; 因此, 球面在平面上的顺次接触点便与曲线 (C) 不同, 它通常不夹在直线中间, 而夹在两个同心圆中间.

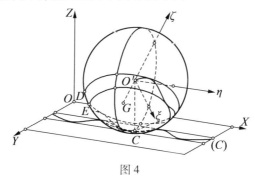

图 4

§2 非全定系统的运动理论的研究. 关于简化乘数的定理[①]

2.1 本节的目的, 在于建立在某些特殊的假设下, 两个系统的运动之间的联系. 这两个系统中, 一个是具有不可积的约束条件, 而另一个是服从拉格朗日

---

① 本节的 2.2, 2.3 的内容, 是 1906 年 12 月 11 日在莫斯科数学学会上的报告. 本节最初登载于《数学汇刊》上 (Математический сборник, т. XXVIII, вып. 2, 1911).

恰普雷金定理

方程的平常的力学系统. 这里我们所得到的定理都有推广的可能性,因为它们可以用来解决关于对称球体在水平面上滚动的问题;① 这种球体是具有三个自由参数的系统,但在本节中,我们只考虑了两个具有此类参数的系统. 在这种推广的尝试中,我们遇到了一些限制,使得结果丧失了清楚性,从而相当地减分.

2.2 设存在具有不可积约束的力学系统,简言之,便是非全定的系统,它含两个自由参数 q, q_1. 又假设有任意个倚变参数 $\xi, \eta, \cdots$,它们与 q, q_1 有如下的关系式

$$\dot{\xi} = a\dot{q} + a_1\dot{q}_1, \dot{\eta} = b\dot{q} + b_1\dot{q}_1, \cdots \quad (1)$$

这里和后面,$\dot{\xi}, \dot{\eta}, \cdots, \dot{q}, \dot{q}_1$ 都表示关于时间的导数. 又 $a, b, \cdots$ 为 q 与 q_1 的函数,为了书写简便起见,在以下的推演中我们把虚点略去,好像倚变参数只有两个一样.

用 T 表示动能的原有表达式,此时并未考虑关系式(1);又用 $\bar{T}$ 表示它的简化形式(当 $\dot{\xi}, \dot{\eta}$ 代替公式(1)的时候),于是我们便得到了用以解决问题的微分方程②

---

① "О катании шара по гориэонтальной пдоскостн", Математический сборник, т. XXIV, 1903.

② 在下面的论文中给出了一般系统的方程:"О движении тяжёдого теда вращения на гориэонтадьной пдоскости". Труды Отдедения фиэических наук Обшества дюбителей естествоэнания, т. IX, выш. 1, 1897.

第1章 恰普雷金论非完整约束系统

$$\begin{cases} \dfrac{\mathrm{d}}{\mathrm{d}t}\dfrac{\partial T}{\partial \dot{q}} - \dfrac{\partial T}{\partial q} - \dfrac{\partial U}{\partial q} = \dot{q}_1 S \\ \dfrac{\mathrm{d}}{\mathrm{d}t}\dfrac{\partial T}{\partial \dot{q}_1} - \dfrac{\partial T}{\partial q_1} - \dfrac{\partial U}{\partial q_1} = -\dot{q} S \\ S = \dfrac{\partial T}{\partial \dot{\xi}}\left(\dfrac{\partial a}{\partial q_1} - \dfrac{\partial a_1}{\partial q}\right) + \dfrac{\partial T}{\partial \dot{\eta}}\left(\dfrac{\partial b}{\partial q_1} - \dfrac{\partial b_1}{\partial q}\right) \end{cases} \quad (2)$$

其中 U 是势函数. 此时假设将动能 T 与势函数 U 看作公式的系数时, 都不与参数 q, q_1 有关. 倘若关系式(1)是可积的, 那么 S 等于零, 从而我们便得到了普通的拉格朗日方程.

令
$$N \mathrm{d}t = \mathrm{d}\tau$$

确定新的自变量 τ, 其中 N 是独立参数 q, q_1 的待定函数, 再根据这个新的自变量 τ 将方程(2)加以变换. 此时用 q', q_1' 表示参数关于 τ 的导数. 首先, 我们有

$$\begin{aligned} 2T &= L\dot{q}^2 + 2M\dot{q}\dot{q}_1 + L_1 \dot{q}_1^2 \\ &= N^2(Lq'^2 + 2Mq'q_1' + L_1 q_1'^2) \\ &= 2(T) \end{aligned}$$

$$\dfrac{\partial T}{\partial \dot{q}} = \dfrac{1}{N}\dfrac{\partial (T)}{\partial q'}, \dfrac{\partial T}{\partial q} = \dfrac{\partial (T)}{\partial q} - \dfrac{1}{N}\dfrac{\partial N}{\partial q}2(T), Nq' = \dot{q}$$

利用这些关系式, 可以将微分方程组(2)化为如下的形式

$$\begin{cases} \dfrac{\mathrm{d}}{\mathrm{d}\tau}\dfrac{\partial (T)}{\partial q'} - \dfrac{\partial (T)}{\partial q} - \dfrac{\partial U}{\partial q} = q_1' R \\ \dfrac{\mathrm{d}}{\mathrm{d}\tau}\dfrac{\partial (T)}{\partial q_1'} - \dfrac{\partial (T)}{\partial q_1} - \dfrac{\partial U}{\partial q_1} = -q' R \\ R = NS - \dfrac{\partial (T)}{\partial q_1'}\dfrac{1}{N}\dfrac{\partial N}{\partial q} + \dfrac{\partial (T)}{\partial q'}\dfrac{1}{N}\dfrac{\partial N}{\partial q_1} \end{cases} \quad (3)$$

为了书写简便起见, 以后将 T 的括号略去. 引用正则

的变量

$$p = \frac{\partial T}{\partial q'} = N^2(Lq' + Mq_1'), p_1 = \frac{\partial T}{\partial q_1'} = N^2(L_1 q_1' + Mq')$$

(4)

将公式(3)加以变换. 此时变换后的表达式 $2T = 2(T)$ 便由公式

$$2T(LL_1 - M^2) = \frac{1}{N^2}(L_1 p^2 - 2Mpp_1 + Lp_1^2)$$ (5)

确定; 倘若选取 N, 使得等式

$$R = NS - p_1 \frac{1}{N}\frac{\partial N}{\partial q} + p \frac{1}{N}\frac{\partial N}{\partial q_1} = 0$$ (6)

成立, 那么结果我们便得到了正则组

$$\begin{cases} \dfrac{\mathrm{d}p}{\mathrm{d}\tau} = -\dfrac{\partial H}{\partial q}, \dfrac{\mathrm{d}p_1}{\mathrm{d}\tau} = -\dfrac{\partial H}{\partial q_1} \\ \dfrac{\mathrm{d}q}{\mathrm{d}\tau} = \dfrac{\partial H}{\partial p}, \dfrac{\mathrm{d}q_1}{\mathrm{d}\tau} = \dfrac{\partial H}{\partial p_1} \\ H = T - u \end{cases}$$ (7)

满足方程(6)的函数 N, 我们叫作简化乘数. 我们再考虑两种不同的情形, 这两种情形在分析简化乘数时可能出现.

2.3 我们尝试不利用正则组(7)而满足方程(6). 不难看出, S 的组成部分中所含的表达式 $\dfrac{\partial T}{\partial \dot{\xi}}, \dfrac{\partial T}{\partial \dot{\eta}}$ 可以写成如下的形式

$$\frac{\partial T}{\partial \dot{\xi}} = \frac{Ap + A_1 p_1}{N}, \frac{\partial T}{\partial \dot{\eta}} = \frac{Bp + B_1 p_1}{N}$$ (8)

其中 A, B 是独立参数的已知函数. 如果存在满足下列两个条件的函数 N, 那么要求便满足了, 这两个条件是

第 1 章　恰普雷金论非完整约束系统

$$\begin{cases} \dfrac{1}{N}\dfrac{\partial N}{\partial q} = A_1\left(\dfrac{\partial a}{\partial q_1} - \dfrac{\partial a_1}{\partial q}\right) + B_1\left(\dfrac{\partial b}{\partial q_1} - \dfrac{\partial b_1}{\partial q}\right) \\ \dfrac{1}{N}\dfrac{\partial N}{\partial q_1} = -A\left(\dfrac{\partial a}{\partial q_1} - \dfrac{\partial a_1}{\partial q}\right) - B\left(\dfrac{\partial b}{\partial q_1} - \dfrac{\partial b_1}{\partial q}\right) \end{cases} \quad (9)$$

为此，显然只需在 8 个函数之间实现某种关系，从而存在着一类广泛的问题，使得这种关系式在各问题中能够成立. 欲说明这种关系式的意义，可以回到原有的方程(2)中，并将它化为正则的变量而不变更倚变量. 为此，在方程(2)中令

$$\dfrac{\partial T}{\partial \dot{q}} = P,\ \dfrac{\partial T}{\partial \dot{q}_1} = P_1$$

此时考虑公式(8)，便得到

$$\dfrac{\mathrm{d}P}{\mathrm{d}t} = -\dfrac{\partial H_1}{\partial q} + \dfrac{\partial H_1}{\partial P_1}S,\ \dfrac{\mathrm{d}P_1}{\mathrm{d}t} = -\dfrac{\partial H_1}{\partial q_1} - \dfrac{\partial H_1}{\partial P}S$$

$$\dfrac{\mathrm{d}q}{\mathrm{d}t} = \dfrac{\partial H_1}{\partial P},\ \dfrac{\mathrm{d}q_1}{\mathrm{d}t} = \dfrac{\partial H_1}{\partial P_1}$$

$$S = P\left\{A\left(\dfrac{\partial a}{\partial q_1} - \dfrac{\partial a_1}{\partial q}\right) + B\left(\dfrac{\partial b}{\partial q_1} - \dfrac{\partial b_1}{\partial q}\right)\right\} +$$
$$P_1\left\{A_1\left(\dfrac{\partial a}{\partial q_1} - \dfrac{\partial a_1}{\partial q}\right) + B_1\left(\dfrac{\partial b}{\partial q_1} - \dfrac{\partial b_1}{\partial q}\right)\right\}$$

我们现在试求这组方程的雅可比后添乘数. 用 K 代表这个乘数，并设它只与变量 q,q_1 有关，此时必有

$$\dfrac{1}{K}\dfrac{\mathrm{d}K}{\mathrm{d}t} = \dfrac{1}{K}\dfrac{\partial K}{\partial q}\dot{q} + \dfrac{1}{K}\dfrac{\partial K}{\partial q_1}\dot{q}_1 = \dot{q}\dfrac{\partial S}{\partial P_1} - \dot{q}_1\dfrac{\partial S}{\partial P}$$

从而

$$\dfrac{1}{K}\dfrac{\partial K}{\partial q} = A_1\left(\dfrac{\partial a}{\partial q_1} - \dfrac{\partial a_1}{\partial q}\right) + B_1\left(\dfrac{\partial b}{\partial q_1} - \dfrac{\partial b_1}{\partial q}\right)$$

恰普雷金定理

$$\frac{1}{K}\frac{\partial K}{\partial q_1} = -A\left(\frac{\partial a_1}{\partial q_1} - \frac{\partial a}{\partial q}\right) - B\left(\frac{\partial b_1}{\partial q_1} - \frac{\partial b}{\partial q}\right)$$

将这组方程与方程(9)相比较,便得出:如果后添乘数只与自由参数有关,那么简化乘数 N 恰恰与雅可比后添乘数相同.

2.4 倘若上面的条件成立,那么便可以将修改的哈密尔顿原理应用到上述问题中.事实上,由正则组(7)可以推知,当 τ(积分的上限)为常数时,积分

$$J = \int_0^\tau (T + U)\mathrm{d}\tau$$

的变分等于零.回到原来的变量,当

$$\tau = \int_0^t N\mathrm{d}t = 常数$$

时,我们便得到

$$\delta J = \delta \int_0^t (T + U) N \mathrm{d}t = 0$$

这样,我们便得到了下面的定理,它在所讨论的非全定系中代替了哈密尔顿原理:倘若存在着由相容的方程组(9)所确定的简化乘数 N,那么在所有运动中(这些运动由于自由参数在它们的界限值之间变化而发生),存在一种使得当积分

$$\tau = \int_0^t N\mathrm{d}t$$

是常数的时候,积分

$$J = \int_0^t (T + U) N \mathrm{d}t$$

的变分等于零的运动.

2.5 如果方程组(9)是不相容的,那么正则组(7)与方程(6)必须联合求解.此时问题便化为两个偏微分方程的求解.首先,由正则组与方程(5)可以推出

第1章 恰普雷金论非完整约束系统

方程
$$\frac{1}{N^2}\left\{\lambda\left(\frac{\partial V}{\partial q}\right)^2 + 2\mu\frac{\partial V}{\partial q}\frac{\partial V}{\partial q_1} + \lambda_1\left(\frac{\partial V}{\partial q_1}\right)^2\right\} = U + h \quad (10)$$

其中
$$\lambda = \frac{L_1}{LL_1 - M^2}, \mu = -\frac{M}{LL_1 - M^2}, \lambda_1 = \frac{L}{LL_1 - M^2}$$

此时
$$p = \frac{\partial V}{\partial q}, p_1 = \frac{\partial V}{\partial q_1}$$

其次,将方程组(2)代入 S 中,则由(6)与(8)可得

$$\frac{\partial V}{\partial q}\frac{\partial \ln N}{\partial q_1} - \frac{\partial V}{\partial q_1}\frac{\partial \ln N}{\partial q} + \left(A\frac{\partial V}{\partial q} + A_1\frac{\partial V}{\partial q_1}\right)\left(\frac{\partial a}{\partial q_1} - \frac{\partial a_1}{\partial q}\right) +$$
$$\left(B\frac{\partial V}{\partial q} + B_1\frac{\partial V}{\partial q_1}\right)\left(\frac{\partial b}{\partial q_1} - \frac{\partial b_1}{\partial q}\right) = 0 \quad (11)$$

方程组(10)与(11)就是我们所要推导的,它的解法归结于两个一阶偏微分方程的顺次积分法. 欲明确此点,只需消去 N:先由(10)解出它,再代入(11). 为了简便起见,令 z 表示如下

$$z = \frac{p_1}{p} = \frac{\partial V}{\partial q_1} : \frac{\partial V}{\partial q}$$

于是便易于将施行消去法所得的结果化为如下的形式

$$\frac{\partial z}{\partial q} + \frac{1}{2}\left(\frac{\partial}{\partial q_1} - z\frac{\partial}{\partial q}\right)\ln\frac{\lambda + 2\mu z + \lambda_1 z^2}{U + h} +$$
$$(A + A_1 z)\left(\frac{\partial a}{\partial q_1} - \frac{\partial a_1}{\partial q}\right) + (B + B_1 z)\left(\frac{\partial b}{\partial q_1} - \frac{\partial b_1}{\partial q}\right) = 0$$
$$(12)$$

倘若方程(12)已经积分,则由 z 即可根据关系式

$$\frac{\partial V}{\partial q_1} = z\frac{\partial V}{\partial q}$$

求出 V, 然后再求正则组(7)的积分. 这种奇特的方法便是雅可比方法在非全定系统的最简单的情形中的直接推广.

2.6 在结束本节以前, 我们给出一些简单的例子用以说明当 2.3 中所讲的条件成立时, 简化乘数法在此种情形中的应用.

作为第一个例子, 我们考虑纲体平行于平面的运动. 我们用三点来表示倚靠在水平面上的纲体, 其中两点表示自由滑行的脚, 第三点是尖轮的接触点, 这个轮子的水平轴系着于运动的物体中. 我们假设轮子不能沿垂直于其平面的方向滑动. 物体的位置由接触点 A 的水平坐标 ξ, η 以及 φ 角确定, φ 为附着于物体上且在轮子平面内的轴 AX 与不动轴 $O\xi$ 的交角. 又物体重心的水平投影由它关于动轴的坐标 α, β 确定. 现在我们来研究物体由惯性所做的运动.

取 φ 角以及点 A 的轨迹的弧长 q 作为自由参数. 不难确信, 所给系统的约束条件可以归结为两个关系式

$$\dot{\xi} = \dot{q}\cos\varphi, \dot{\eta} = \dot{q}\sin\varphi \qquad (13)$$

在未考虑不可积的约束以前, 动能 T 的原有形式由下面的公式确定

$$\frac{\partial T}{m} = [\dot{\xi} - \dot{\varphi}(\alpha\sin\varphi + \beta\cos\varphi)]^2 +$$
$$[\dot{\eta} + \dot{\varphi}(\alpha\cos\varphi - \beta\sin\varphi)]^2 + k^2\dot{\varphi}^2$$

其中 m 是物体的质量, 而 k 是物体关于通过重心的铅直线的惯性矩. 由这个公式与条件(13)可得

第1章　恰普雷金论非完整约束系统

$$\frac{1}{m}\frac{\partial T}{\partial \dot{\xi}} = \dot{q}\cos\varphi - \dot{\varphi}(\alpha\sin\varphi + \beta\cos\varphi)$$

$$\frac{1}{m}\frac{\partial T}{\partial \dot{\eta}} = \dot{q}\sin\varphi + \dot{\varphi}(\alpha\cos\varphi - \beta\sin\varphi)$$

$$2T = m\dot{q}^2 + m(\alpha^2 + \beta^2 + k^2)\dot{\varphi}^2 - 2m\beta\dot{\varphi}\dot{q} \quad (14)$$

于是利用(13)即可由公式(2)求出 S

$$S = m\alpha\dot{\varphi} = mN\alpha\varphi'$$

其中 N 是简化乘数. 公式(4)中的函数 p 与 p_1 可由公式(14)确定

$$p = N^2[mq' - m\beta\varphi']$$

$$p_1 = N^2[m(\alpha^2 + \beta^2 + k^2)\varphi' - m\beta q']$$

从而

$$mN^2\varphi'(\alpha^2 + k^2) = p_1 + \beta p, NS = mN^2\alpha\varphi' = \alpha\frac{p_1 + p\beta}{\alpha^2 + k^2}$$

将这个表达式代入方程(6),便得到确定简化乘数的方程

$$p\frac{1}{N}\frac{\partial N}{\partial q_1} - p_1\frac{1}{N}\frac{\partial N}{\partial q} = \alpha\frac{p_1 + p\beta}{\alpha^2 + k^2}$$

这样,我们便可以令

$$N = e^{hu}, h = \frac{\alpha}{\sqrt{\alpha^2 + k^2}}, u = \frac{\beta\varphi - q}{\sqrt{\alpha^2 + k^2}}$$

取 u, φ 为新的变量,即得动能变换的简化形式如下

$$2T = me^{2hu}(\alpha^2 + k^2)(u'^2 + \varphi'^2)$$

用雅可比的方法求解问题时,可得用以确定示性函数 V 的方程

$$\frac{e^{-2hu}}{m(\alpha^2 + k^2)}\left\{\left(\frac{\partial V}{\partial u}\right)^2 + \left(\frac{\partial V}{\partial \varphi}\right)^2\right\} = \lambda$$

由此即得

恰普雷金定理

$$V = g\varphi + \int \sqrt{\mu e^{2hu} - g^2}\, du$$

其中

$$\mu = \lambda m(\alpha^2 + k^2)$$

正则组的积分是

$$\begin{cases} \dfrac{\partial V}{\partial g} = \varphi + \dfrac{1}{h}\arcsin \dfrac{g e^{-hu}}{\sqrt{\mu}} = g_1 \\ \dfrac{\partial V}{\partial \lambda} = \tau - \lambda_1 = \int \dfrac{m(\alpha^2 + k^2) e^{2hu} du}{2\sqrt{\mu e^{2hu} - g^2}} \end{cases} \quad (15)$$

时间由公式

$$dt = \dfrac{d\tau}{N} = \dfrac{m(\alpha^2 + k^2) e^{hu} du}{2\sqrt{\mu e^{2hu} - g^2}}$$

确定,上式给出

$$t = -\sqrt{\dfrac{m}{\lambda}} \dfrac{\alpha^2 + k^2}{2\alpha} \ln\{\sqrt{\mu} e^{hu} - \sqrt{\mu e^{2hu} - g^2}\} + C$$

利用(15)中的第一个方程,即可得到下列方程

$$\xi = \beta\sin\varphi - \sqrt{\alpha^2 + k^2}\int \cos\varphi\, du$$

$$\eta = -\beta\cos\varphi - \sqrt{\alpha^2 + k^2}\int \sin\varphi\, du$$

在轮轴经过重心的投影时,所有的公式都可以简化. 在此种假设下,我们有

$$\alpha = 0, N = 常数$$

再取适当的坐标轴,即得

$$u = At, \varphi = Bt, q = (B\beta - kA)t$$

其中 A, B 是任意常数,又

$$\xi = \left(\beta - k\dfrac{A}{B}\right)\sin\varphi, \eta = -\left(\beta - k\dfrac{A}{B}\right)\cos\varphi$$

此时物体绕不动轴以常角速度 B 旋转,这个不动轴是

第 1 章 恰普雷金论非完整约束系统

轮子与铅直面的交口,而铅直面的位置与轮子的初速度有关.

作为第二个例子,我们考虑刚性的旋转椭球在水平面上的滚动问题.这个椭球的中心与重心重合,而它的轴是惯性主轴当中的一个,又三个主惯性矩各不相等.我们假设运动的物体受到以下的约束:椭球的赤道平面与水平面的交线在空间中不变更它的方向.

取不动轴 $O\eta$ 平行于这条直线,又取铅直线作为 $O\zeta$(由下而上)轴,而 $O\xi$ 轴垂直于这两个轴.我们取物体的惯性主轴作为动轴,此时设 OZ 为边界椭球的轴.用 c 与 c_1 表示椭球面上的赤道半轴与极半轴,用 m 表示物体的质量,A,B,C 表示物体的主惯性矩.我们取欧拉角作为自由参数:θ 是 $O\zeta$ 与 OZ 两轴的交角,φ 是前面提到的直线(取 $O\eta$ 轴)与 OX 轴的交角;而由问题的假设可知,第三个欧拉角等于直角.

在此种情形下,重心的两个坐标 ξ, ζ 由可积的关系式

$$\dot{\xi} = h\,\dot{\theta},\dot{\zeta} = \frac{\mathrm{d}h}{\mathrm{d}t},\zeta = h$$

确定,其中

$$h = \sqrt{c^2\sin^2\theta + c_1^2\cos^2\theta}$$

又第三个坐标按照不可积的约束

$$\dot{\eta} = \frac{c^2}{h}\sin\theta \cdot \dot{\varphi}$$

变化.

动能的原有形式,由等式
$$2T = (A\cos^2\varphi + B\sin^2\varphi)\dot{\theta}^2 + C\dot{\varphi}^2 + mh^2\dot{\theta}^2 + m\dot{h}^2 + m\dot{\eta}^2$$
确定,由此消去 $\dot{\eta}$ 并加以化简,则得

41

$$2T = \left\{ A\cos^2\varphi + B\sin^2\varphi + mc_1^2 + mc^2 \frac{c^2 - c_1^2}{h^2}\sin^2\theta \right\}\dot{\theta}^2 +$$
$$\left(C + m\frac{c^4}{h^2 2}\sin^2\theta \right)\dot{\varphi}^2$$

然后再应用公式(9),便得出简化乘数

$$N = \frac{1}{\sqrt{C + \dfrac{mc^4\sin^2\theta}{h^2}}}$$

在下列两种情形中,问题可以非常简单地归结为积分式:当主惯性矩 A,B 相等或者物体由球面所围成时.

§3 论面积定理的某种可能的推广,及其在球的滚动问题中的应用[①]

3.1 设由任意个质点 $(m_1,m_2,\cdots)$ 所组成的力学系统,系统随时都围绕方向固定的动轴 AZ 旋转而不变更各点彼此的相互位置;这个轴永远通过动点 A,而且点 A 关于不动轴 $O - X_1 Y_1 Z_1$ 的位置由坐标 α,β,γ 确定,这组坐标与系统的重心 G 的坐标 $\overline{\alpha},\overline{\beta},\overline{\gamma}$ 之间有下列关系

$$\overline{\alpha} = \lambda\alpha + \alpha_0, \overline{\beta} = \lambda\beta + \beta_0, \overline{\gamma} = \lambda\gamma + \gamma_0 \quad (1)$$

其中 $\lambda,\alpha_0,\beta_0,\gamma_0$ 是任意常数,又点 A 的速度平行于重心的速度(图1). 当我们将外力按照系统的不变性的

[①] 本节选自1897年3月2日莫斯科数学学会上的报告. 最初登载于《数学汇刊》上(Математический Сборник, т. XX, 1897).

第1章 恰普雷金论非完整约束系统

假设相加时,假设系统受任意的内力作用. 又设外力可以化为与 AZ 轴相交的两个力(在以后的论述中,当我们谈到将作用于系统上的力相加时,必须假设系统的不变性而施行加法. 又外力关于 AZ 轴的总矩等于零的假设也可以改为:假定这个总矩是时间的某个预给的函数,其中包含积分项,而且此项明显地与时间有关. 在以后各节的推导中也要注意到这点),用 x,y,z 表示系统中的点关于动轴 $A-XYZ$ 的坐标,又用 x_1, y_1, z_1 表示系统中的点关于不动轴的坐标,则由达朗贝尔原理可得

$$\sum m \left(y \frac{\mathrm{d}^2 x_1}{\mathrm{d}t^2} - x \frac{\mathrm{d}^2 y_1}{\mathrm{d}t^2} \right) = 0$$

在此式中,将 x_1, y_1, z_1 换为 $x+\alpha, y+\beta, z+\gamma$,又将 $\sum my$ 与 $\sum mx$ 换为 $M(\bar{\beta}-\beta)$ 与 $M(\bar{\alpha}-\alpha)$,其中 $M=\sum m$,然后再将 $\bar{\alpha}, \bar{\beta}$ 换为式(1),则得

$$\sum m \left(y \frac{\mathrm{d}^2 x}{\mathrm{d}t^2} - x \frac{\mathrm{d}^2 y}{\mathrm{d}t^2} \right) + (\lambda - 1) M \left(\beta \frac{\mathrm{d}^2 \alpha}{\mathrm{d}t^2} - \alpha \frac{\mathrm{d}^2 \beta}{\mathrm{d}t^2} \right) + M \left(\beta_0 \frac{\mathrm{d}^2 \alpha}{\mathrm{d}t^2} - \alpha_0 \frac{\mathrm{d}^2 \beta}{\mathrm{d}t^2} \right) = 0$$

由此用积分法得

$$\sum m \left(y \frac{\mathrm{d}x}{\mathrm{d}t} - x \frac{\mathrm{d}y}{\mathrm{d}t} \right) + (\lambda - 1) M \left(\beta \frac{\mathrm{d}\alpha}{\mathrm{d}t} - \alpha \frac{\mathrm{d}\beta}{\mathrm{d}t} \right) + M \left(\beta_0 \frac{\mathrm{d}\alpha}{\mathrm{d}t} - \alpha_0 \frac{\mathrm{d}\beta}{\mathrm{d}t} \right) = 常数 \tag{2}$$

方程(2)表示广义的面积积分;事实上,在此式中令 α, β, γ 为常数,我们便得到了平常的积分,因为此时 AZ 是不动轴;又令 $\lambda=1, \alpha_0=\beta_0=\gamma_0=0$ 时,我们得到关于通过重心的定向直线所做的运动的面积积分.

恰普雷金定理

倘若外力关于动轴 AX, AY, AZ 的总矩都等于零,而且系统关于每条直线都能像自由的纲体一样地旋转,那么我们便有三个形式如(2)的积分成立.

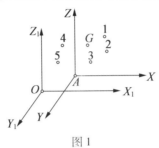

图1

3.2 现在设有一个由质点 $m_1, m_2, \cdots$ 所组成的力学系统,它可以分成两部分:(Ⅰ),(Ⅱ);这两部分具有运动的中心 A, B 与平行轴 AZ, BZ'(图2). 暂时略去(Ⅰ),(Ⅱ)两部分的(相互的)反力,假定系统(Ⅰ)的中心 A 与轴 AZ 像 3.1 中的情形一样;系统(Ⅱ)的中心 B 与轴 BZ' 也作同样的假设. 现在转到系统(Ⅰ)与(Ⅱ)的反力,此时假设系统(Ⅰ)对于系统(Ⅱ)的作用力关于 AZ, BZ' 两轴的总矩 L, L' 保持不变的比值;这种情形在下面的条件下可以实现:用加法可将上述的力化为两个与动线 CZ'' 相交的力 R_1, R_2,这条动线平行于 AZ,而且通过线段 AB 上一点 C,使 $CA:CB$ = 常数. 和前面一样,用 α, β, γ 表示点 A 关于不动轴的坐标,用 α', β', γ' 表示点 B 的坐标,又用 x, y, z 表示系统(Ⅰ)中的点关于轴系 $A-XYZ$ 的坐标,而 x', y', z' 表示系统(Ⅱ)中的点关于轴系 $B-X'Y'Z'$ 的坐标. 于是我们便可以得出与 3.1 相似的方程如下

第1章 恰普雷金论非完整约束系统

$$\begin{cases} \dfrac{dS}{dt} = \sum m\left(x\dfrac{d^2 y}{dt^2} - y\dfrac{d^2 x}{dt^2}\right) + (\lambda - 1)M\left(\alpha\dfrac{d^2 \beta}{dt^2} - \beta\dfrac{d^2 \alpha}{dt^2}\right) + \\ \quad M\left(\alpha_0\dfrac{d^2 \beta}{dt^2} - \beta_0\dfrac{d^2 \alpha}{dt^2}\right) = -L \\ \dfrac{dS'}{dt} = \sum m'\left(x'\dfrac{d^2 y'}{dt^2} - y'\dfrac{d^2 x'}{dt^2}\right) + (\lambda' - 1)M'\left(\alpha'\dfrac{d^2 \beta'}{dt^2} - \beta'\dfrac{d^2 \alpha'}{dt^2}\right) + \\ \quad M'\left(\alpha'_0\dfrac{d^2 \beta'}{dt^2} - \beta'_0\dfrac{d^2 \alpha'}{dt^2}\right) = L' \end{cases}$$

(3)

S, S' 表示方程(3)等号左边关于 t 求积分所得的结果. 在(3)中的第一个方程的等号右边, 系统(Ⅱ)作用于系统(Ⅰ)上的力的总矩用 $-L$ 表示, 因为由假设可知, L 表示某力的相同的总矩, 这个力大小相等而方向相反.

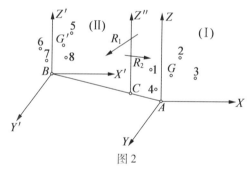

图 2

按照假设,我们有

$$L : L' = K = 常数$$

故由方程(3)即得

$$S + KS' = 常数 \qquad (4)$$

如果关于 AZ, BZ' 两轴所作的假设, 对于 AX, BX' 轴以及 AY, BY' 轴都成立, 那么我们便有三个形如(4)的积分.此时必须记住,在这种情形下我们要注意到 3.1 末尾所说的条件是否有成立的可能;于是对于公式(4)中的常数即可添加时间的某个函数.

易于看出,公式(4)中的 S,S' 分别表示力学系统的部分(Ⅰ),(Ⅱ)的动量关于 AZ,BZ' 轴的总矩,因此,方程(4)便确定由系统的一部分到另一部分的力矩的转变.

3.3 3.2 所得到的结果,可以作某种推广.事实上,假设运动的系统由 n 部分组成,它们互相作用,而且它们的位置顺次相接,像具有自由端点的链杆一样;这种系统的图解如图 3 所示.假设在每个链杆内都有中心 A 与轴线 AZ,它们的运动和 3.1,3.2 中所假设的一样;这些轴线在整个运动过程中都彼此平行.关于作用在每个链杆上的外力,我们也作这样的假设:它们关于杆轴的总矩等于零;关于杆 i 在杆 k 上的作用力,我们假设它关于 i,k 两轴的总矩 L_{ik}^i 与 L_{ik}^k 满足关系式

$$L_{ik}^i = a_{ik} L_{ik}^k \tag{5}$$

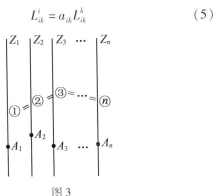

图 3

其中 a_{ik} 是常数.我们注意到,由这种记号可知,杆 k 的反力的总矩是 $L_{ki} = -L_{ik}$.又用 S_i 表示杆 i 的动量关于

第1章　恰普雷金论非完整约束系统

其轴 A_iZ_i 的总矩,于是我们便得到了下列关系式

$$\begin{cases} \dfrac{dS_1}{dt} = L_{21}^1 \\ \dfrac{dS_2}{dt} = L_{12}^2 + L_{32}^2 \\ \dfrac{dS_3}{dt} = L_{23}^3 + L_{43}^3 \\ \quad\vdots \\ \dfrac{dS_n}{dt} = L_{n-1,n}^n \end{cases} \quad (6)$$

将这些方程顺次乘以

$$1, a_{12}, a_{13}a_{23}, a_{12}a_{23}a_{34}, \cdots$$

再相加,注意到由方程(5)可知等号右边等于零,我们便可以用积分法得到

$$S_1 + a_{12}S_2 + a_{12}a_{23}S_3 + \cdots + a_{12}a_{23}\cdots a_{n-1,n}S_n = 常数 \quad (7)$$

关于力学系统的 n 部分的相互作用,如果稍作不同的假设,也可以得到这种类似类型的积分. 假设我们的系统像图4所表现的那样,由一个中心核1与一组作用于1上的卫星 $2,3,\cdots,n$ 所组成. 中心 A、轴线 AZ、外力,以及反力仍旧同以前的假设,此时方程(5)保持有效,而方程组(6)用下面的一组方程

$$\dfrac{dS_2}{dt} = L_{12}^2, \dfrac{dS_3}{dt} = L_{13}^3, \cdots, \dfrac{dS_n}{dt} = L_{1n}^n \quad (\ast)$$

$$\dfrac{dS_1}{dt} = L_{21}^1 + L_{31}^1 + \cdots + L_{n1}^1$$

代替,将式($\ast$)分别乘以

$$a_{12}, a_{13}, \cdots, a_{1n}$$

与后一式相加,我们便可以得到积分

$$S_1 + a_{12}S_2 + a_{13}S_3 + \cdots + a_{1n}S_n = 常数 \qquad (8)$$

我们注意,如果系统有三组具有上述性质的平行轴,那么我们便可以得到三个形如(7)或(8)的积分. 又当 L_{ik} 等于零时,积分的个数也增加.

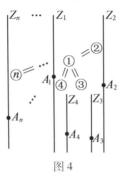

图 4

如果所研究的系统具有如图 3 所示的链杆的性质,而每个杆又是如图 4 所表现的组,那么在这种情形下我们也可以得到同样形式的积分.

3.4 直到目前为止,我们都在研究将力矩由系统的一部分转换到另一部分的公式. 现在我们来讨论第一部分的前进运动对于第二部分的旋转的影响,换句话说,就是一部分的动量对于另一部分的总矩的影响;由此也可能推导出系统的运动方程的一些积分.

假设力学系统的运动中心 A 与轴线 AZ 的一部分(I)(AZ 随时都平行于定轴 OZ_1)满足 3.1 所作的关于外力的约束条件(图 5). 至于部分(II),则设它受以下约束:沿 AX,AY 两轴(也就是 OX_1,OY_1 两轴)的方向做前进运动而不变更相互位置. 又设作用于这一部分的外力的总和为平行于 AZ 的一个力与一个随意的力偶. 我们假定,系统(I)作用于系统(II)上的力可以分解为 R,R' 两个力,它们经常与平行于 AZ 的直

线 CL 相交,而这条线在平面 AXY 上的迹点 C 是不变的;我们用 a,b 分别表示点 C 关于 AX,AY 两轴的坐标,又用 M' 表示系统(Ⅱ)的总质量,ξ,η,ζ 表示它的重心 G' 关于轴系 $A-XYZ$ 的坐标;则此点关于不动轴系 $O-X_1Y_1Z_1$ 的坐标为 $\xi+\alpha,\eta+\beta,\zeta+\gamma$,其中 α,β,γ 同前面,决定着运动中心 A 的位置. 最后,设 R_x,R_y,R_z 与 R'_x,R'_y,R'_z 为 R,R' 在坐标轴上的投影,我们便易于得出方程

$$\begin{cases} M'\left(\dfrac{\mathrm{d}^2\xi}{\mathrm{d}t^2}+\dfrac{\mathrm{d}^2\alpha}{\mathrm{d}t^2}\right)=R_x+R'_x \\ M'\left(\dfrac{\mathrm{d}^2\eta}{\mathrm{d}t^2}+\dfrac{\mathrm{d}^2\beta}{\mathrm{d}t^2}\right)=R_y+R'_y \end{cases} \quad (9)$$

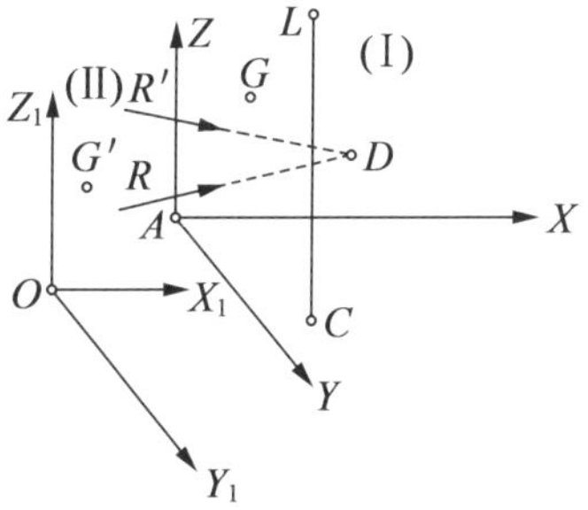

图 5

另一方面,和 3.1,3.2 中一样,对于系统(Ⅰ)而言,我们有

$$\sum m\left(x\dfrac{\mathrm{d}^2y}{\mathrm{d}t^2}-y\dfrac{\mathrm{d}^2x}{\mathrm{d}t^2}\right)+M(\lambda-1)\left(\alpha\dfrac{\mathrm{d}^2\beta}{\mathrm{d}t^2}-\beta\dfrac{\mathrm{d}^2\alpha}{\mathrm{d}t^2}\right)+$$
$$M\left(\alpha_0\dfrac{\mathrm{d}^2\beta}{\mathrm{d}t^2}-\beta_0\dfrac{\mathrm{d}^2\alpha}{\mathrm{d}t^2}\right)=b(R_x+R'_x)-a(R_y+R'_y)$$

(10)

此式右边是系统(Ⅱ)的反力关于 AZ 轴的总矩.

由方程(9)与(10)可以导出如下的关系式

恰普雷金定理

$$\sum m\left(x\frac{\mathrm{d}y}{\mathrm{d}t} - y\frac{\mathrm{d}x}{\mathrm{d}t}\right) + M'\left(\alpha\frac{\mathrm{d}\eta}{\mathrm{d}t} - b\frac{\mathrm{d}\xi}{\mathrm{d}t}\right) +$$

$$M(\lambda - 1)\left(\alpha\frac{\mathrm{d}\beta}{\mathrm{d}t} - \beta\frac{\mathrm{d}\alpha}{\mathrm{d}t}\right) + (M\alpha_0 + M'\alpha)\frac{\mathrm{d}\beta}{\mathrm{d}t} -$$

$$(M\beta_0 + M'\beta)\frac{\mathrm{d}\alpha}{\mathrm{d}t} = 常数 \qquad (11)$$

这就是所求的积分.

我们注意到关于使系统（Ⅱ）运动的外力所作的假设,也可以加以推广. 事实上,如果我们对于合成的力偶不作任何假设,而引入以下条件：合力在 AX, AY 两轴上的投影都是常数（但不像上面所说的等于零）,或者是时间的任意函数,那么方程（9）便有所改变,其等号右边要加上 X 与 Y；此时方程（11）也有改变,等号左边出现了与时间有关的项

$$-a\int Y\mathrm{d}t + b\int X\mathrm{d}t$$

此外,如果在系统（Ⅱ）的重心上还有与 LC 轴相交的作用力,那么它对于方程（11）并无任何影响.

3.5 在某些补充的假设下,形如（11）的积分可能多于一个. 倘若系统的各部分的相互作用力在相加时（每部分相加）得到了一个合力,那么形如（11）的积分将有 3 个. 这个合力经过与轴系 $A-XYZ$ 联系着的某点 D. 又倘若作用于系统（Ⅱ）上的外力仅仅分解成一个力偶,或者一个力偶与一个力,那么这个力在轴上的投影是时间的确定函数；在后一种情形下,积分的关系式中便含有与时间有关的项. 这种积分的个数增加的事实,是本节所推演的定理的简单推论. 因为我们所作的补充假设使得存在 3 条具有 CL 线所有的性质的线,而且相交于点 D（图 5）.

下面的情形应着重注意:点 D 在一个坐标轴上,例如在 AZ 轴上;此时对于 R 在 AZ 轴上的投影不必作任何的假设,但 R 是将作用于系统(Ⅱ)上的外力相加所得的力;只要 R 在 AX,AY 两轴上的投影为时间的确定函数,我们便可以得到 3 个形式如(11)的积分.事实上,对于 AX,AY,AZ 轴作出方程(10),并注意到点 $D(a,b,c)$ 的三个坐标当中,根据假设,前两个等于零,我们便易于利用公式(9)得到三个可积的方程.

我们不详论细节,只指出 3.4,3.5 所得的结果的进一步推广的可能性;我们也可以考虑更复杂的力学系统,这种系统由 n 个环节组成,而每个环节都可能是具有中心核的组(图 3,4);此时利用与 3.3 相似的论证,便可以导出与上面相仿的积分关系来.

3.6 现在我们考虑前面所推演的一般论证的应用.我们考虑以下问题作为 3.1 中定理的应用:设有以 O 为中心的静止的空球,另一个球在此球内滚动,它的重心 G 与几何中心重合(图 6),而它的主惯性矩通常各不相等;在两球的接触点 A 处有摩擦力.用 α,β,γ 与 $\bar{\alpha},\bar{\beta},\bar{\gamma}$ 分别表示 A,G 两点关于不动轴系 $O-X'Y'Z'$ 的坐标,又用 b,a 表示距离 OG,OA,则有

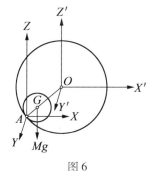

图 6

恰普雷金定理

$$\bar{\alpha} = \frac{b}{a}\alpha, \bar{\beta} = \frac{b}{a}\beta, \bar{\gamma} = \frac{b}{a}\gamma$$

因为在点 A 处的反力与 AZ 轴相交,而 G 球的重力平行于 AZ 轴,故由 3.1 中公式(2)即得积分

$$\sum m\left(y\frac{dx}{dt} - x\frac{dy}{dt}\right) + M\left(\frac{b}{a} - 1\right)\left(\beta\frac{d\alpha}{dt} - \alpha\frac{d\beta}{dt}\right) = 常数$$

如果假定 G 球也是空的,并且在它里面放入另一个球,我们便得到了 3.2 中公式(4)的例子.

3.7 设中心为动力对称的空球(图 7)放在倾斜角为 φ 的斜面上. 在空球里面有另一个球,它的质量分布与外球相同. 假定在外球与平面之间,以及在两个球的接触点 C 处都可能有滑动,并产生相应的摩擦力. 在图中,第一个力用 Q 表示,第二个力用 R 表示.

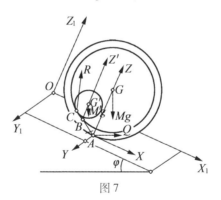

图 7

在这个问题中,我们没有任何的关于动力的积分;但易于看出,前面所证的定理可以应用到这个问题中. 取斜面的垂线为不动轴 OZ_1,并取延斜面方向为 OX_1 轴;此外同时考虑两组与不动轴平行的轴系:第一组的原点在 AC, $G'B$ 两线的交点 B 处,但 $G'B$ 通过内球的中心而且平行于 AZ 轴. 用 a 表示外球的半径,ρ 表示

第1章 恰普雷金论非完整约束系统

内球的半径,又用 b 表示距离 GG',M 与 M' 表示两个球的质量. 倘若 G,A 两点的坐标是 $\bar{\alpha},\bar{\beta},\bar{\gamma}$ 与 α,β,γ, 那么便有

$$\bar{\alpha}=\alpha,\bar{\beta}=\beta,\bar{\gamma}=a,r=0 \qquad (12)$$

此外又设点 G' 关于 $A-XYZ$ 轴的坐标为 x,y,z,则点 B 的坐标即为

$$x,y,z-\frac{\rho a}{\rho+b} \qquad (13)$$

原因是

$$BG':AG=CG':CG$$

由方程(12)与(13)可知,A,R 两点具有 3.2 中所述的性质(一个是关于外球的,一个是关于内球的). 我们现在证明 3.2 中对于各力所作的假设,在这里也成立. 外球所受的外力如下:第一个力是重力,它在轴系 $A-XYZ$ 上的投影为

$$Mg\sin\varphi,0,-Mg\cos\varphi$$

而关于这些轴的力矩是

$$0,Mga\sin\varphi,0$$

第二个力是斜面的反力 Q,它作用于动轴的原点处. 又内球的重力的投影为

$$M'g\sin\varphi,0,-M'g\cos\varphi$$

而它关于第二组动轴 $B-X'Y'Z'$ 的力矩是

$$0,M'g\frac{a\rho}{b+\rho}\sin\varphi,0$$

至于外球对于内球的作用力 R,其作用点 C 将线段 AB 外分为不变的比值 $\rho:b+\rho$;显然,力 R 关于 BX' 与 AX, BY 与 AY,BZ' 与 AZ 各轴的力矩也有同样的比值. 用 S_x,S_y,S_z 表示外球的动量关于第一组动轴的矩,又用

$S'_{x'}, S'_{y'}, S'_{z'}$ 表示内球关于第二组动轴的矩,则由 3.2 即知

$$S_x + \frac{\rho+b}{\rho}S'_{x'} = l$$

$$S_y + \frac{\rho+b}{\rho}S'_{y'} = m + (M+M')ga\sin\varphi \cdot t$$

$$S_z + \frac{\rho+b}{\rho}S'_{z'} = n$$

其中 l, m, n 是任意的积分常数(在列 S_y 的方程时,必须考虑 3.2 中公式(4)). 倘若球所在的平面是水平的,那么 $\sin\varphi = 0$,从而 S_y 的方程中便没有包含时间的项.

下面我们将在某些简化的假设下,完成用积分法求解问题. 我们还将指出,在一些比较复杂的情形下,如何应用 3.3 的结论. 倘若我们假设内球也有同心的球形空隙,其中又有一个这样的球,而后一个球内又有一球,等等,这样的球的个数可以任意多,那么我们便有由 n 个球所成的链形分布的系统,其中每个球都与它邻近的外球与内球作用于接触点(图 8). 用 C_1, $C_2, \cdots$ 表示各个环节的接触点,用 $G, G_1, G_2, \cdots$ 表示它们的重心. 设 $GA, G_1A_1, G_2A_2, \cdots$ 为垂直于斜面的线,它们分别与平面本身及 $AC_1, A_1C_2, \cdots$ 各线相交于 $A, A_1, A_2, \cdots$,这些点便是环节的运动中心,像 3.3 所描述的一样. 我们不难明确,本小节所说的其他条件,对于所有三个互相垂直的平行轴系都成立,每三个轴系都相交于移动的中心 A 处. 这样,在此种比较复杂的力学系统中,我们也可能得到所说的三个积分的关系式,它们的形式由公式(7)确定.

第1章 恰普雷金论非完整约束系统

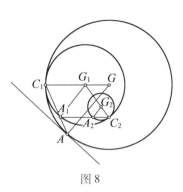

图8

在外球内放入 n 个分开的球,而且为了避免冲撞起见,将它们放在同心的壁上,我们便得到了由具有 n 个卫星的中心核所组成(图9)的系统. 内球 i 的(环节的)中心 A_i 可以如此得出:联结外球与平面的接触点 A 和这两个球的接触点 C_i,再求直线 AC_i 与平行于 GA 的线 G_iA_i 的交点即得. 由 3.3 中公式(8),便易于写出此问题的三个积分.

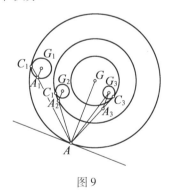

图9

3.8 现在我们在某些使问题简化的假设下,来详细分析 3.6 中所提出的问题. 假设半径为 a,质量为 M 的外球放在水平面 OX_1Y_1 上,其接触点为 A(图10).

55

恰普雷金定理

动轴 $A-XYZ$ 平行于不动轴 $O-X_1Y_1Z_1$. 用 x,y,z 表示内球的重心 G' 关于 $A-XYZ$ 轴系的坐标,并设内球的半径为 ρ,质量为 m. 用 p',q',r' 表示内球的角速度在 $A-XYZ$ 轴上的投影,用 p,q,r 表示外球的角速度在 $A-XYZ$ 轴上的投影.

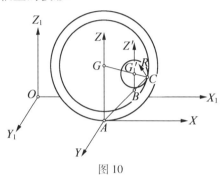

图 10

我们假定每个球的三个主惯性矩都相同,而且外球与内球的主惯性矩分别等于 $M(K^2-a^2)$ 与 mk^2. 用 b 表示距离 GG'. 我们所作的最后一个假设是:平面 OX_1Y_1 上没有滑动,又设两个球在接触点 C 处也没有滑动. 就接触点 A 关于 $A-XYZ$ 轴的速度在该轴上的投影而言(这个速度与球心 G 关于 $O-X_1Y_1Z_1$ 轴的速度等值且异向),我们易于得出表达式

$$u = qa, v = -pa, w = 0$$

又内球上的点 C 的速度在 $A-XYZ$ 轴上的投影 u',v',w' 的值为

$$u' = \frac{dx}{dt} + qa + q'z' - r'y' = \frac{dx}{dt} + qa + [q'(z-a) - r'y]\frac{\rho}{b}$$

$$v' = \frac{dy}{dt} - pa + r'x' - p'z' = \frac{dy}{dt} - pa + [r'x - p'(z-a)]\frac{\rho}{b}$$

$$w' = \frac{dz}{dt} + p'y' - q'x' = \frac{dz}{dt} + (p'y - q'x)\frac{\rho}{b}$$

其中 x', y', z' 是点 C 关于一组轴的坐标,这组轴平行于 $A-XYZ$ 且以 G' 为原点. 因为没有滑动,所以外球上的点 C 也具有同样的速度,从而即得

$$u' = [q(z-a) - ry]\frac{b+\rho}{b} + qa$$

$$v' = [rx - p(z-a)]\frac{b+\rho}{b} - pa$$

$$w' = (py - qx)\frac{b+\rho}{b}$$

其中

$$x\frac{b+\rho}{b},\ y\frac{b+\rho}{b},\ a+(z-a)\frac{b+\rho}{b}$$

为点 C 关于 $A-XYZ$ 轴的坐标. 由是便得到

$$\begin{cases} \dfrac{b}{\rho}\dfrac{\mathrm{d}x}{\mathrm{d}t} + \left[q' - q\left(1+\dfrac{b}{\rho}\right)\right](z-a) - \left[r' - r\left(1+\dfrac{b}{\rho}\right)\right]y = 0 \\ \dfrac{b}{\rho}\dfrac{\mathrm{d}y}{\mathrm{d}t} + \left[r' - r\left(1+\dfrac{b}{\rho}\right)\right]x - \left[p' - p\left(1+\dfrac{b}{\rho}\right)\right](z-a) = 0 \\ \dfrac{b}{\rho}\dfrac{\mathrm{d}z}{\mathrm{d}t} + \left[p' - p\left(1+\dfrac{b}{\rho}\right)\right]y - \left[q' - q\left(1+\dfrac{b}{\rho}\right)\right]x = 0 \end{cases}$$

(14)

然后便有必定成立的关系式

$$x^2 + y^2 + (z-a)^2 = 常数 = b^2 \quad (15)$$

设内球在接触点 C 处作用于外球上的力为 R,它在 $A-XYZ$ 轴上的投影用 R_x, R_y, R_z 表示,并注意到外球的反力与 R 大小相等但方向相反,那么便易于写出下面的运动方程

恰普雷金定理

$$\begin{cases} MK^2 \dfrac{\mathrm{d}p}{\mathrm{d}t} = (yR_z - zR_y)\left(1 + \dfrac{\rho}{b}\right) + a\dfrac{\rho}{b}R_y \\ MK^2 \dfrac{\mathrm{d}q}{\mathrm{d}t} = (zR_x - xR_z)\left(1 + \dfrac{\rho}{b}\right) - a\dfrac{\rho}{b}R_x \\ M(K^2 - a^2)\dfrac{\mathrm{d}r}{\mathrm{d}t} = (xR_y - yR_x)\left(1 + \dfrac{\rho}{b}\right) \end{cases} \quad (16)$$

其中前两个式子给出外球的动量关于 AX, AY 两轴的矩.

内球重心的运动由下列微分方程确定

$$\begin{cases} m\dfrac{\mathrm{d}^2 x}{\mathrm{d}t^2} + ma\dfrac{\mathrm{d}q}{\mathrm{d}t} = -R_x \\ m\dfrac{\mathrm{d}^2 y}{\mathrm{d}t^2} + ma\dfrac{\mathrm{d}p}{\mathrm{d}t} = -R_y \\ m\dfrac{\mathrm{d}^2 z}{\mathrm{d}t^2} = -R_z - mg \end{cases} \quad (17)$$

内球绕其中心的旋转运动由下列方程确定

$$\begin{cases} mk^2 \dfrac{\mathrm{d}p'}{\mathrm{d}t} = \dfrac{\rho}{b}(zR_y - yR_z) - a\dfrac{\rho}{b}R_y \\ mk^2 \dfrac{\mathrm{d}q'}{\mathrm{d}t} = \dfrac{\rho}{b}(xR_z - zR_x) + a\dfrac{\rho}{b}R_x \\ mk^2 \dfrac{\mathrm{d}r'}{\mathrm{d}t} = \dfrac{\rho}{b}(yR_x - xR_y) \end{cases} \quad (18)$$

顺次消去 R_x, R_y, R_z, 先由(16),(17),(18)各组的第一个方程入手, 其次由第二个方程入手, 最后由(16),(18)两组的最后一个方程入手, 则得一些可积的方程, 由这些方程可以得出

第1章　恰普雷金论非完整约束系统

$$\begin{cases} (MK^2+ma^2)(p-\alpha)+mk^2\left(1+\dfrac{b}{\rho}\right)p'-ma\dfrac{\mathrm{d}y}{\mathrm{d}t}=0 \\ (MK^2+ma^2)(p-\beta)+mk^2\left(1+\dfrac{b}{\rho}\right)q'+ma\dfrac{\mathrm{d}x}{\mathrm{d}t}=0 \\ M(K^2-a^2)(r-\gamma)+mk^2\left(1+\dfrac{b}{\rho}\right)r'=0 \end{cases}$$

(19)

其中 α,β,γ 是任意的积分常数. 关系式(19)便是上述理论对于所讨论问题的积分, 它们可以直接利用 3.2 中的论证写出来. 又由方程(16)可得

$$x\dfrac{\mathrm{d}p}{\mathrm{d}t}+y\dfrac{\mathrm{d}q}{\mathrm{d}t}+\left(z-a\dfrac{\rho}{b+\rho}\right)\left(\dfrac{K^2-a^2}{K^2}\right)\dfrac{\mathrm{d}r}{\mathrm{d}t}=0 \quad (20)$$

由方程(18)可以得出

$$x\dfrac{\mathrm{d}p'}{\mathrm{d}t}+y\dfrac{\mathrm{d}q'}{\mathrm{d}t}+(z-a)\dfrac{\mathrm{d}r'}{\mathrm{d}t}=0 \qquad (21)$$

又由(17)中的前两个式子及(16)中最后一个式子可得

$$x\dfrac{\mathrm{d}p}{\mathrm{d}t}+y\dfrac{\mathrm{d}q}{\mathrm{d}t}+\dfrac{1}{a}\left(y\dfrac{\mathrm{d}^2x}{\mathrm{d}t^2}-x\dfrac{\mathrm{d}^2y}{\mathrm{d}t^2}\right)=\dfrac{M(K^2-a^2)}{ma(b+\rho)}\dfrac{\mathrm{d}r}{\mathrm{d}t}$$

(22)

最后, 由方程(14)导出关系式

$$p'\dfrac{\mathrm{d}x}{\mathrm{d}t}+q'\dfrac{\mathrm{d}y}{\mathrm{d}t}+r'\dfrac{\mathrm{d}z}{\mathrm{d}t}-p\dfrac{b+\rho}{\rho}\dfrac{\mathrm{d}x}{\mathrm{d}t}-q\dfrac{b+\rho}{\rho}\dfrac{\mathrm{d}y}{\mathrm{d}t}-r\dfrac{b+\rho}{\rho}\dfrac{\mathrm{d}z}{\mathrm{d}t}=0$$

(23)

将等式(22)乘以 $-\dfrac{a^2}{K^2}$ 并与等式(20)相加, 则经过化简以后即得

$$x\dfrac{\mathrm{d}p}{\mathrm{d}t}+y\dfrac{\mathrm{d}q}{\mathrm{d}t}+(z-a)\dfrac{\mathrm{d}r}{\mathrm{d}t}+\dfrac{a}{K^2-a^2}\left(x\dfrac{\mathrm{d}^2y}{\mathrm{d}t^2}-y\dfrac{\mathrm{d}^2x}{\mathrm{d}t^2}\right)$$

恰普雷金定理

$$= -\frac{ba}{b+\rho}\frac{M+m}{m}\frac{\mathrm{d}r}{\mathrm{d}t}$$

将上式乘以 $-\dfrac{b+\rho}{\rho}$ 与等式(23)及(21)相加,再求积分,则得

$$\sigma = \left(p' - p\frac{b+\rho}{\rho}\right)x + \left(q' - q\frac{b+\rho}{\rho}\right)y + \left(r' - r\frac{b+\rho}{\rho}\right)(z-a)$$

$$= \frac{a(b+\rho)}{\rho(K^2 - a^2)}\left(x\frac{\mathrm{d}y}{\mathrm{d}t} - y\frac{\mathrm{d}x}{\mathrm{d}t}\right) + \frac{ba}{\rho}\frac{M+m}{m}r + \delta \quad (24)$$

其中 σ 是等号左边的简写,而 δ 是任意的积分常数.

将(14)中的前两式分别乘以 $-y, x$ 再相加,便易于得出

$$\left(r' - r\frac{b+\rho}{\rho}\right)b^2 - (z-a)\sigma = -\frac{b}{\rho}\left(x\frac{\mathrm{d}y}{\mathrm{d}t} - y\frac{\mathrm{d}x}{\mathrm{d}t}\right)$$

将此处的 σ 用式(24)中的值代替,又将 r' 用式(19)所得的表达式代替,并用简写的记号

$$x\frac{\mathrm{d}y}{\mathrm{d}t} - y\frac{\mathrm{d}x}{\mathrm{d}t} = \tau$$

表示,则得 r, z, τ 的关系式如下

$$\left[\frac{M(K^2 - a^2)\rho}{(b+\rho)mk^2}(r-\gamma) + \frac{b+\rho}{\rho}r\right]b^2 + (z-a)\frac{a(b+\rho)}{\rho(K^2 - a^2)}\tau +$$

$$(z-a)\frac{ba}{\rho}\frac{M+m}{m}r + \delta(z-a) = \frac{b}{\rho}\tau$$

或者化简得

$$r\left[\frac{ba}{\rho}\frac{M+m}{m}(z-a) + b^2\frac{b+\rho}{\rho} + \frac{M\rho b^2}{mk^2}\cdot\frac{K^2 - a^2}{b+\rho}\right]$$

$$= \frac{M(K^2 - a^2)\rho b^2}{mk^2(b+\rho)}\gamma - \delta(z-a) + \left[\frac{b}{\rho} - \frac{a(b+\rho)}{\rho(K^2 - a^2)}(z-a)\right]\tau$$

(25)

引用下列记号

$$a\frac{M+m}{m}=a_1 b, \quad b+\rho+\frac{M\rho^2}{mk^2}\cdot\frac{K^2-a^2}{b+\rho}=b_1$$

$$\frac{\delta\rho}{b^2}=a_2, \quad \frac{M\rho^2}{mk^2}\cdot\frac{K^2-a^2}{b+\rho}\gamma=b_2$$

$$\frac{(b+\rho)a}{(K^2-a^2)b^2}=a_3, \quad \frac{bK^2}{a(b+\rho)}\left(\frac{a^2}{K^2}+\frac{M}{m}\right)=b_3$$

$$z-a=-\zeta \tag{26}$$

则由方程(25)即得

$$r=\frac{b_2+a_2\zeta}{b_1-a_1\zeta}+\frac{\left(\dfrac{1}{b}+a_3\zeta\right)\tau}{b_1-a_1\zeta} \tag{27}$$

又由公式(20)与(22)可以得出

$$-\frac{\mathrm{d}\tau}{\mathrm{d}t}=\left[\frac{(z-a)(K^2-a^2)}{K^2}a+\frac{b(K^2-a^2)}{b+\rho}\left(\frac{M}{m}+\frac{a^2}{K^2}\right)\right]\frac{\mathrm{d}\tau}{\mathrm{d}t}$$

或者根据所引用的记号得

$$\frac{\mathrm{d}\tau}{\mathrm{d}t}=a\frac{K^2-a^2}{K^2}(-b_3+\zeta)\frac{\mathrm{d}r}{\mathrm{d}t}$$

另一方面,将上面所得的 r 的表达式微分,则有

$$\frac{\mathrm{d}r}{\mathrm{d}t}=\frac{a_1 b_2+b_1 a_2}{(b_1-a_1\zeta)^2}\frac{\mathrm{d}\zeta}{\mathrm{d}t}+\frac{\dfrac{a_1}{b}+b_1 a_3}{(b_1-a_1\zeta)^2}\tau\frac{\mathrm{d}\zeta}{\mathrm{d}t}+\frac{\dfrac{1}{b}+a_3\zeta}{b_1-a_1\zeta}\frac{\mathrm{d}\tau}{\mathrm{d}t}$$

可以导出

$$\frac{\mathrm{d}\tau}{\mathrm{d}\zeta}\left[1-a\frac{K^2-a^2}{K^2}\cdot\frac{(\zeta-b_3)\left(a_3\zeta+\dfrac{1}{b}\right)}{b_1-a_1\zeta}\right]$$

$$=\frac{a_1 b_2+b_1 a_2+\left(\dfrac{a_1}{b}+b_1 a_3\right)\tau}{(b_1-a_1\zeta)^2}\cdot\frac{K^2-a^2}{K^2}a(\zeta-b_3) \tag{28}$$

用 ξ 表示 $\dfrac{1}{b_1-a_1\zeta}$,则上式经过化简以后,即可写成

恰普雷金定理

$$\frac{\mathrm{d}\tau}{\tau+l} = -\frac{\left(\dfrac{a_1}{b}+b_1 a_3\right)\left[(b_1-a_1 b_3)\xi-1\right]\mathrm{d}\xi}{\left[(b_1-a_1 b_3)\xi-1\right]\left[\left(b_1 a_3+\dfrac{a_1}{b}\right)\xi-a_3\right]-\dfrac{a_1^2 K^2}{a(K^2-a^2)}}$$

$$= \frac{n_1 \mathrm{d}\xi}{\xi-\lambda_1} + \frac{n_2 \mathrm{d}\xi}{\xi-\lambda_2} \qquad (29)$$

其中 λ_1, λ_2 是分母的根，而 n_1, n_2 是满足下列等式的数，这点我们不难看出

$$n_1+n_2 = -1, \quad n_1\lambda_2+n_2\lambda_1 = -\frac{1}{b_1-a_1 b_3} \quad (30)$$

又

$$l = \frac{a_1 b_2 + b_1 a_2}{\dfrac{a_1}{b}+b_1 a_2}$$

将方程(29)积分得

$$\tau+l = C(\xi-\lambda_1)^{n_1}(\xi-\lambda_2)^{n_2}$$

或者引用 ζ 得

$$\tau+l = A(\zeta-\mu_2)^{n_2}(\mu_1-\zeta)^{n_1}(b_1-a_1\zeta) \quad (31)$$

其中 μ_1, μ_2 是方程(28)中 $\dfrac{\mathrm{d}\tau}{\mathrm{d}\zeta}$ 的系数的根，这两个根是相异的实数，而且可以用 λ_1, λ_2 表出，像 ζ 用 ξ 表出一样. 利用以上论证，则由方程(30)可得 n_1, n_2 的值如下

$$n_1 = \frac{\mu_1-b_3}{\mu_2-\mu_1} \cdot \frac{b_1-a_1\mu_2}{b_1-a_1 b_3}, \quad n_2 = \frac{b_3-\mu_2}{\mu_2-\mu_1} \cdot \frac{b_1-a_1\mu_1}{b_1-a_1 b_3}$$

倘若我们找到了 ζ 与时间的关系，那么内球的中心 G' 关于 $A-XYZ$ 轴的运动便确定了. 此时将

$$\tau = xy' - yx'$$

写成

$$\tau = r^2 \frac{\mathrm{d}\varphi}{\mathrm{d}t}$$

第 1 章　恰普雷金论非完整约束系统

的形式,其中 r,φ 是点 G' 在平面 AXY 上的投影的极坐标,而 $r^2 = b^2 - \zeta^2$,我们便可以求出角 φ 与时间的关系,原因是函数 τ 的形式已经由公式(31)给出. 方程(14),(19),(25),(27)足以确定球的旋转运动与 ζ 的关系,从而也确定它与时间的关系,因此问题便完全解决了.

至于 ζ 与时间的关系,则可由动能的积分求出,其中所有数量,除了 ζ 与 $\dfrac{d\zeta}{dt}$ 以外,全可以用关于 ζ 的表达式来代替. 但这种方法稍嫌笨拙,因此我们最好直接利用微分方程来求解. 由方程(14)易于得出

$$\begin{cases} p' - p\left(1 + \dfrac{b}{\rho}\right) = \dfrac{x}{b^2}\sigma + \dfrac{1}{\rho b}\left(y\dfrac{d\zeta}{dt} - \zeta\dfrac{dy}{dt}\right) \\ q' - q\left(1 + \dfrac{b}{\rho}\right) = \dfrac{y}{b^2}\sigma + \dfrac{1}{\rho b}\left(\zeta\dfrac{dx}{dt} - x\dfrac{d\zeta}{dt}\right) \end{cases} \quad (32)$$

利用方程(16),(17),(18)得出表达式

$$m\dfrac{d^2 x}{dt^2} + (ma + MK^2\mu)\dfrac{dq}{dt} + mk^2\lambda\dfrac{dq'}{dt}$$

并由等式

$$ma + MK^2\mu = -mk^2\lambda\left(1 + \dfrac{b}{\rho}\right)$$

$$\left[a - \zeta\left(1 + \dfrac{\rho}{b}\right)\right]\mu + \dfrac{\rho}{b}\zeta\lambda = 1$$

确定 λ 和 μ,则得

$$-\lambda\left\{\left(1 + \dfrac{b}{\rho}\right)a\dfrac{mk^2}{MK^2} - \zeta\left[\dfrac{(b+\rho)^2}{b\rho}\cdot\dfrac{mk^2}{MK^2} + \dfrac{\rho}{b}\right]\right\}$$

$$= -\lambda[i + h\zeta] = 1 + \dfrac{ma^2}{MK^2} - \dfrac{ma}{MK^2}\left(1 + \dfrac{\rho}{b}\right)\zeta$$

$$\mu[i + h\zeta] = \left(1 + \dfrac{b}{\rho}\right)\dfrac{mk^2}{MK^2} + \dfrac{ma\rho}{bMK^2}\zeta \quad (33)$$

恰普雷金定理

此时我们有

$$m\frac{\mathrm{d}^2 x}{\mathrm{d}t^2} + mk^2\lambda\frac{\mathrm{d}}{\mathrm{d}t}\left[q' - q\left(1 + \frac{b}{\rho}\right)\right] = -\frac{s\rho}{b} \cdot \frac{xR_z}{i + h\zeta}$$

同样可得

$$m\frac{\mathrm{d}^2 y}{\mathrm{d}t^2} - mk^2\lambda\frac{\mathrm{d}}{\mathrm{d}t}\left[p' - p\left(1 + \frac{b}{\rho}\right)\right] = -\frac{s\rho}{b} \cdot \frac{yR_z}{i + h\zeta}$$

i, h 的值由上面关于 λ 的公式取得,而

$$s = 1 + \frac{ma^2}{MK^2} + \frac{mk^2}{MK^2}\left(1 + \frac{b}{\rho}\right)^2$$

又利用表达式(32)可得

$$m\left(\frac{\mathrm{d}x}{\mathrm{d}t}\frac{\mathrm{d}^2 x}{\mathrm{d}t^2} + \frac{\mathrm{d}y}{\mathrm{d}t}\frac{\mathrm{d}^2 y}{\mathrm{d}t^2}\right) - \frac{mk^2\lambda}{b^2}\tau\frac{\mathrm{d}\sigma}{\mathrm{d}t} +$$
$$\frac{mk^2\lambda}{\rho b}\zeta\left[\frac{\mathrm{d}x}{\mathrm{d}t}\frac{\mathrm{d}^2 x}{\mathrm{d}t^2} + \frac{\mathrm{d}y}{\mathrm{d}t}\frac{\mathrm{d}^2 y}{\mathrm{d}t^2} + \frac{\mathrm{d}\zeta}{\mathrm{d}t}\frac{\mathrm{d}^2 \zeta}{\mathrm{d}t^2}\right] = \frac{s\rho}{b} \cdot \frac{R_z}{i + h\zeta} \cdot \frac{\zeta \mathrm{d}\zeta}{\mathrm{d}t}$$
(34)

此外,我们还有方程

$$x^2 + y^2 + \zeta^2 = b^2$$

$$x\frac{\mathrm{d}x}{\mathrm{d}t} + y\frac{\mathrm{d}y}{\mathrm{d}t} + \zeta\frac{\mathrm{d}\zeta}{\mathrm{d}t} = 0$$

$$x\frac{\mathrm{d}y}{\mathrm{d}t} - y\frac{\mathrm{d}x}{\mathrm{d}t} = \tau$$
$$= -l + A(\mu_1 - \zeta)^{n_1}(\zeta - \mu_2)^{n_2}(b_1 - a_1\zeta)$$
$$= f(\zeta)$$

因此可得下面的方程

$$\left(\frac{\mathrm{d}x}{\mathrm{d}t}\right)^2 + \left(\frac{\mathrm{d}y}{\mathrm{d}t}\right)^2 = \frac{\tau^2 + \zeta^2\left(\frac{\mathrm{d}\zeta}{\mathrm{d}t}\right)^2}{b^2 - \zeta^2} \qquad (35)$$

现在考虑方程

$$m\frac{\mathrm{d}^2 \zeta}{\mathrm{d}t^2} = R_z + mg \qquad (36)$$

第1章 恰普雷金论非完整约束系统

（此式由公式(26)与(17)中的最后一个式子推出），以及刚才所得到的方程，我们便易于将方程(34)化为如下的形式

$$\left(1+\frac{k^2\lambda}{\rho b}\zeta\right)\frac{(b^2-\zeta^2)\left[\tau\tau'+\zeta\left(\frac{\mathrm{d}\zeta}{\mathrm{d}t}\right)^2+\zeta^2\frac{\mathrm{d}^2\zeta}{\mathrm{d}t^2}\right]+\left[\tau^2+\zeta^2\left(\frac{\mathrm{d}\zeta}{\mathrm{d}t}\right)^2\right]\zeta}{(b^2-\zeta^2)^2}-$$

$$\frac{k^2\lambda}{b^2}\tau\sigma'-\frac{k^2\lambda}{\rho b}\zeta\frac{\mathrm{d}^2\zeta}{\mathrm{d}t^2}=\frac{s\rho}{b}\cdot\frac{\zeta}{i+h\zeta}\left(\frac{\mathrm{d}^2\zeta}{\mathrm{d}t^2}-g\right)$$

其中 $\tau'=f'(\zeta)$ 与 σ' 分别为函数 τ 与 σ 关于时间的导数. 将所得的方程化简，即可导出方程

$$\frac{\mathrm{d}v}{\mathrm{d}\zeta}+v\Phi(\zeta)+\Psi(\zeta)=0$$

其中 $v=\left(\frac{\mathrm{d}\zeta}{\mathrm{d}t}\right)^2$，从而可以用积分求解. 但我们不打算写出这种积分式，因为它们通常相当麻烦，现在只考虑一种特殊情形，在这种情形下，我们得到的所有公式都相当简单.

关于在平面上滚动的球的半径，我们可以作任意假设而不影响对问题的分析. 在问题的原有陈述中，我们假定 $a>b$（见图 11，我们也可以假设 $a<b$）；此时我们便得到了以下系统的运动问题的解，这个系统由球 B 与球形碗 A 组成，碗的内部倚靠在支脚 $LKMC$ 上，脚的端点有半径为 a 的球 C，它立于平面支座 D 上，而 C 的中心即为球形碗 A 的中心. 我们所说的特殊情形即当支脚的端点是尖锐的时候（也就是当 $a=0$ 时）成立. 因为根据假设，在平面 D 上没有滑动，所以此时碗的中心是不动的.

恰普雷金定理

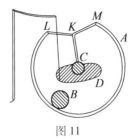

图 11

在 $a = 0$ 的假设下,方程(19)化为

$$\frac{p'}{p-\alpha} = \frac{q'}{q-\beta} = \frac{r'}{r-\gamma} = -\frac{MK^2\rho}{mk^2(b+\rho)}$$

此时由公式(24)得

$$\sigma = \left[p' - p\left(1+\frac{b}{\rho}\right)\right]x + \left[q' - q\left(1+\frac{b}{\rho}\right)\right]y - \left[r' - r\left(1+\frac{b}{\rho}\right)\right]\zeta$$

$$= \delta$$

又由方程(25)得

$$bAr = \varepsilon - \tau$$

$$(b_1 + A)\tau = b_1\varepsilon - b\frac{\rho^2}{k^2}A^2\gamma - \frac{\delta\rho}{b}A\zeta$$

这里 $\alpha, \beta, \cdots, \varepsilon$ 是任意的积分常数

$$b_1 = b + \rho + \frac{M}{m} \cdot \frac{K^2\rho^2}{(b+\rho)k^2}$$

$$A = \frac{MK^2}{m(b+\rho)}$$

$$\tau = x\frac{\mathrm{d}y}{\mathrm{d}t} - y\frac{\mathrm{d}x}{\mathrm{d}t}$$

又注意到,由公式(33)可知,公式(34)中的 λ 此时由等式

$$k^2\lambda\zeta = \frac{Ab\rho}{b_1}$$

第 1 章 恰普雷金论非完整约束系统

确定,此外又有

$$\dot{\imath} = 0, \quad \frac{s\rho}{bh} = -1, \quad \frac{\mathrm{d}\sigma}{\mathrm{d}t} = 0$$

于是(34)便成为

$$m(\dot{x}\ddot{x} + \dot{y}\ddot{y} + \dot{\zeta}\ddot{\zeta})\left(1 + \frac{A}{b_1}\right) - m\dot{\zeta}\ddot{\zeta} = -R_z\dot{\zeta} \quad (37)$$

其中的点号表示关于时间的微分. 因为

$$m\ddot{\zeta} = R_z + mg$$

所以(37)可以重写如下

$$m(\dot{x}\ddot{x} + \dot{y}\ddot{y} + \dot{\zeta}\ddot{\zeta})\left(1 + \frac{A}{b_1}\right) - mg\dot{\zeta} = 0$$

由此即得

$$\dot{x}^2 + \dot{y}^2 + \dot{\zeta}^2 - 2\frac{g}{1 + \frac{A}{b_1}}\zeta = H$$

利用前面导出的公式可知

$$\dot{x}^2 + \dot{y}^2 = \frac{\tau^2 + \zeta^2\dot{\zeta}^2}{b^2 - \zeta^2}$$

由此便可以确定 ζ 为时间的椭圆函数.

我们注意到有趣的一点:倘若任意常数 $\delta = 0$,则 τ 为常数,而内球的中心所做的运动好像球面摆受变化的重力 $\dfrac{g}{1 + \dfrac{A}{b_1}}$ 的作用而做的运动一样,两个球都绕 AZ 轴做等速旋转.

3.9 现在转到 3.4 中定理的应用的例子. 此时仍旧假设有一个球,它的质量关于中心 G 的分布是对称的. 设此球置于斜面上一点 A 处(图12),在球的空隙内有一个纲体,由某种完全光滑的凸曲面所围成,这个物体与球相

恰普雷金定理

接触于点 C,在该点对于球面有沿 GC 方向的正压力 N. 和 3.7 中一样选取坐标轴,并引用以下的记号: M,m 表示外壳与内核的质量, x,y,z 表示内核的重心 G' 关于动轴的坐标,又 α,β,a 为点 G 关于不动轴的坐标。用 R_x, R_y, R_z 与 N_x, N_y, N_z 表示平面 $O_1 X_1 Y_1$ 与内核对于外壳的反力在轴上的投影。最后,用 p,q,r 与 J_x, J_y, J_z 分别表示角速度的分量以及外壳关于动坐标轴的惯性矩。

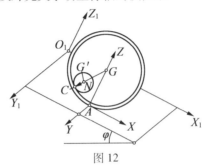

图 12

在这个问题中,有一个一般的动力学积分

$$J_z \cdot r = 常数$$

因为使外壳运动的力是通过 AZ 轴的,又根据 3.4 还可以找出两个积分关系式;事实上,点 G' 的运动由下列方程确定

$$m\left(\frac{d^2 x}{dt^2} + \frac{d^2 \alpha}{dt^2}\right) = -N_x + mg\sin\varphi$$

$$m\left(\frac{d^2 y}{dt^2} + \frac{d^2 \beta}{dt^2}\right) = -N_y$$

$$m\frac{d^2 z}{dt^2} = -N_z - mg\cos\varphi$$

又外壳的动量关于 AX 与 AY 两轴的总矩为

$$J_x p - Mav, \quad J_y q + Mau$$

其中 u,v 是点 A 处的滑动速度在上述两轴上的投影。

第1章　恰普雷金论非完整约束系统

于是按照 3.4 即知

$$\frac{\mathrm{d}}{\mathrm{d}t}(J_x p - Mav) = -aN_y$$

$$\frac{\mathrm{d}}{\mathrm{d}t}(J_y q + Mau) = aN_x$$

将此二式与前面的方程比较,便易于得到所求的积分

$$am\left(\frac{\mathrm{d}y}{\mathrm{d}t} + \frac{\mathrm{d}\beta}{\mathrm{d}t}\right) - J_x p + Mav = 常数$$

$$am\left(\frac{\mathrm{d}x}{\mathrm{d}t} + \frac{\mathrm{d}\alpha}{\mathrm{d}t}\right) + J_y q + Mau = magt\sin\varphi + 常数$$

如果下列情形成立,积分法还可以进一步推广:内核是关于中心为动力对称的球,外壳的主惯性矩相等,而且在点 A 处没有滑动. 首先,像卜安索所指出的,此时内核显然绕其中心做使得其中心并无任何影响的旋转. 此外,我们又有

$$N_x = \frac{x}{b}N, \quad N_y = \frac{y}{b}N, \quad N_z = N\frac{z-a}{b}$$

其中 $b = GG'$,又

$$\frac{\mathrm{d}\alpha}{\mathrm{d}t} = qa, \quad \frac{\mathrm{d}\beta}{\mathrm{d}t} = -pa$$

$$J_x = J_y = MK^2 = 常数, \quad J_z = M(K^2 - a^2)$$

而上述积分具有以下的形式

$$\begin{cases} r = 常数 \\ \frac{\mathrm{d}y}{\mathrm{d}t} + \left(1 + \frac{MK^2}{ma^2}\right)\frac{\mathrm{d}\beta}{\mathrm{d}t} = 常数 = \left(1 + \frac{MK^2}{ma^2}\right)v_0 \\ \frac{\mathrm{d}x}{\mathrm{d}t} + \left(1 + \frac{MK^2}{ma^2}\right)\frac{\mathrm{d}\alpha}{\mathrm{d}t} = 常数 + gt\sin\varphi = \\ \left(1 + \frac{MK^2}{ma^2}\right)u_0 + gt\sin\varphi \end{cases} \quad (38)$$

利用这组方程确定 $\dfrac{\mathrm{d}\alpha}{\mathrm{d}t}$ 与 $\dfrac{\mathrm{d}\beta}{\mathrm{d}t}$ 以后,即可将确定内核中心的运动方程化为如下的形式

$$m\,\frac{MK^2}{ma^2+MK^2}\cdot\frac{\mathrm{d}^2 x}{\mathrm{d}t^2}=-N\,\frac{x}{b}+mg\sin\varphi\cdot\frac{MK^2}{ma^2+MK^2}$$

$$m\,\frac{MK^2}{ma^2+MK^2}\cdot\frac{\mathrm{d}^2 y}{\mathrm{d}t^2}=-N\,\frac{y}{b}$$

$$m\,\frac{\mathrm{d}^2 z}{\mathrm{d}t^2}=-N\,\frac{z-a}{b}-mg\cos\varphi$$

将分式 $\dfrac{MK^2}{ma^2+MK^2}$ 简写为 σ^2,并令

$$\sigma^2 x=x_1,\ \sigma^2 y=y_1,\ \sigma(z-a)=z_1$$

则上述方程便化为下面的形式

$$\begin{cases} m\,\dfrac{\mathrm{d}^2 x_1}{\mathrm{d}t^2}=\lambda\,\dfrac{x_1}{\sigma^4 b^2}+mg\sigma^2\sin\varphi \\[4pt] m\,\dfrac{\mathrm{d}^2 y_1}{\mathrm{d}t^2}=\lambda\,\dfrac{y_1}{\sigma^4 b^2} \\[4pt] m\,\dfrac{\mathrm{d}^2 z_1}{\mathrm{d}t^2}=\lambda\,\dfrac{z_1}{\sigma^2 b^2}-mg\sigma\cos\varphi \end{cases} \quad (39)$$

其中 $\lambda=-Nb\sigma^2$. 又由关于 x,y,z 的方程
$$x^2+y^2+(z-a)^2=b^2$$
可得
$$\frac{x_1^2+y_1^2}{\sigma^4 b^2}+\frac{z_1^2}{\sigma^2 b^2}=1$$

这个方程表示以点 G 为中心的某个旋转椭球面. 除了这个椭球以外,我们还考虑另一个共轴的椭球,它与前面椭球的差别只是 AZ 轴的长度不同(这个长度等于 $2b$). 将点 G 投影于平面 $O_1 X_1 Y_1$ 上而得 g',令椭球沿 Ag' 方向按以下方式运动:动点 G' 落在第二个椭球面

第1章 恰普雷金论非完整约束系统

上(图 13). 此时两个椭球的公共中心 O 关于 $O_1-X_1Y_1Z_1$ 的坐标为

$$x-x_1=(1-\sigma^2)x, y-y_1=(1-\sigma^2)y, a$$

又以 O 为原点作平行于 $O_1-X_1Y_1Z_1$ 的坐标系,则点 G' 关于这组坐标系的坐标为

$$x_1, y_1, \frac{z_1}{\sigma}=z-a$$

又直线 $G'g'$ 与第一个椭球面的交点 C 的坐标为 x_1, y_1, z_1. 由方程(39)可知,点 C 沿运动的椭球面上的运动方式,好像质量为 m 的质点在此椭球面上运动的情形一样(此时假设椭球面不动). 又重力加速度

$$g\sigma\sqrt{\sigma^2\sin^2\varphi+\cos^2\varphi}$$

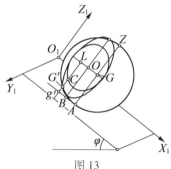

图 13

与 OZ 轴的交角 μ 由等式

$$\tan\mu=\sigma\cdot\tan\varphi$$

确定.

现在我们来研究椭球中心关于不动轴是如何运动的. 椭球中心的坐标是

$$x'=\alpha+x-x_1=\alpha+(1-\sigma^2)x$$
$$y'=\beta+y-y_1=\beta+(1-\sigma^2)y$$

71

恰普雷金定理

$$z' = \alpha$$

回到方程(38),它可以化成下面的形式

$$\frac{\mathrm{d}x'}{\mathrm{d}t} = u_0 + g(1 - \sigma^2)t \cdot \sin\varphi, \quad \frac{\mathrm{d}y'}{\mathrm{d}t} = v_0$$

由此即知,所求的运动轨迹是抛物线,这条抛物线在平行于 AXY 的平面内,而且它的主轴平行于斜面.

至于空心球的运动,它由上面所得到的 p,q,r 的表达式与点 A 的位移确定. 如果点 C 的位置已经知道了的话,那么任何时刻下,此点关于椭球的位置都易于得出. 事实上,点 C 在平面 AXY 上的投影 g' 与 A,B 两点共线,但 A,B 为椭球的轴与平面 AXY 的交点,此外

$$AB : Bg' = \frac{1-\sigma^2}{\sigma^2} = \frac{ma^2}{MK^2}$$

这样,问题便归结于确定点 C 位置的方程(39)的积分法. 它的一个积分——动能积分——可以写出如下

$$\left(\frac{\mathrm{d}x_1}{\mathrm{d}t}\right)^2 + \left(\frac{\mathrm{d}y_1}{\mathrm{d}t}\right)^2 + \left(\frac{\mathrm{d}z_1}{\mathrm{d}t}\right)^2 - 2g\sigma(x_1\sigma\sin\varphi - z_1\cos\varphi) = h$$

第二个积分只有当 AXY 为水平面时,也就是 $\varphi = 0$ 时,才能够得出,此时即有

$$x_1 \frac{\mathrm{d}y_1}{\mathrm{d}t} - y_1 \frac{\mathrm{d}x_1}{\mathrm{d}t} = l$$

按照公式

$$x_1 = b\sigma^2 \cos\theta \cdot \sqrt{1-s^2}$$
$$y_1 = b\sigma^2 \sin\theta \cdot \sqrt{1-s^2}$$
$$z_1 = bs$$

引入新坐标 θ, s,使方程

成立,我们便得到如下的方程

$$b^2\sigma^4(1-s^2)\frac{\mathrm{d}\theta}{\mathrm{d}t}=l$$

$$b^2\sigma^2\left(\frac{\mathrm{d}s}{\mathrm{d}t}\right)^2[1-(1-\sigma^2)s^2]$$

$$=(h-2gb\sigma^2 s)(1-s^2)-\frac{l^2}{b^2\sigma^4}$$

用以确定 θ,s. 由此即得

$$t+\tau=b\sigma\int\sqrt{\frac{1-(1-\sigma^2)s^2}{(h-2bg\sigma^2 s)(1-s^2)-\frac{l^2}{b^2\sigma^4}}}\mathrm{d}s$$

这个方程指出,s 在两个界限值中间振动,从而 $\rho=\sqrt{x_1^2+y_1^2}$ 也是一样. A,g' 两点在关于椭球的运动中所描出的曲线,有点像齿形线,也就是说,每条曲线都夹在以 B 为中心的同心圆中,而且没有扭转点. 至于椭球,它此时在做等速直线运动.

§4 论球体在水平面上的滚动[①]

4.1 引论

关于重纲体在水平面上滚动的问题,到目前为止只有少数一些特殊的情形被解决. 除了早已被欧拉解决的,当滚动物体由柱面所围的情形以外,在下列几种

---

① 最初登在《数学汇刊上》(математическнй сборннк, т. XXIV, 1903).

恰普雷金定理

情形中,我们也知道了精确的解法:均匀球体,圆盘①,重心与几何中心重合的不均匀球体但其中心惯性椭球是扁球体②;我们还证明了当重心与几何中心不重合时③,上述问题可以用积分号求解,. 在上述所有运动物体与平面上的点接触的情形下,有解的必要条件是两个主惯性矩相等. 就我们所知,关于滚动物体的中心惯性椭球的三个轴各不相等时的问题,一直到现在还没有完全解决④. 在上面提到的论文中,我们解决了对称球体在平面上滚动的问题,此时对于主惯性矩以及运动的初始情形都未作任何限制. 在该文的最后,我们对于这个问题的解法加入了一些几何论证,使得一般的运动情形相当地明朗化,而且对于一些奇异的特殊情形也完全描绘出了运动的轨迹.

这种解法的成功,是由于广义的面积定理在所讨

---

① 这种情形是汤姆森(W. Thomson)所指出的. 其详细的分析可以参看 Воронц Ц. В. 的 Уравнения движения твёрдого тела, катящегося безскольжения по горизонгальной плоскости, Киев, 1903.

② Вобыдёв Д. К., О шаре с гиароскопом внутри, Матем. сб., т. XVI, Москва, 1892; Жуковский, Н. Е., О гиросконическом шаре Вобыдёва, Труды Отделения фиэических наук Общества дюбителей естествоэнання, т. VI, 1894. (Собрание сочинений, т. I, Гостехиэдат, 1948)

③ 参看作者的论文"О движении тажёшого теша вращения на горизонтальной плоскости", Труды Отделения физических наук Общества любитеией естествознания, т. IX, вьщ. 1, 1897.

④ 在所引的 Воронц Ц. В. 的书中,解决了三轴椭球的滚动问题,此时对于初始条件以及重力不存在时的质量分布情形作了某些特殊的假设.

论问题中的应用而获得的①；根据这个定理可知，对于在与平面相接触的点处的球而言，它的动量的总矩必须保持一定的大小，而且在空间中的方向不变. 在作运动方程时，我们便已经利用了这种情况.

4.2 运动方程，它们的代数积分与后添乘数

取附着于动球上的(中心)惯性主轴为准讨论，并用 p,q,r 表示球的角速度分量，又用 u,v,w 表示与球的几何中心重合的重心 O 的前进速度的分量，用 P,Q,R 表示关于支座点的(动量的)总矩在动轴上的投影(在以后的讨论中，我们简称这个矢量为总矩)；又用 γ,γ',γ'' 表示铅直朝上的线与各轴所成的角的余弦. 此外，设 m 为球的质量，ρ 是它的半径，L,M,N 是它的主惯性矩. 为了简便起见，我们规定用 D 表示数量 $m\rho^2$，易于得出

$$u = \rho(\gamma''q - \gamma'r), \ v = \rho(\gamma r - \gamma''p), \ w = \rho(\gamma'p - \gamma q) \quad (1)$$

$$\begin{cases} P = Lp + m\rho(\gamma'w - \gamma''v) = (L+D)p - D\gamma\omega \\ Q = Mq + m\rho(\gamma''u - \gamma w) = (M+D)q - D\gamma'\omega \\ R = Nr + m\rho(\gamma v - \gamma'u) = (N+D)r - D\gamma''\omega \end{cases} \quad (2)$$

其中

$$\omega = p\gamma + q\gamma' + r\gamma'' \quad (3)$$

是角速度在铅直线上的投影. 令

$$L + D = A, \ M + D = B, \ N + D = C \quad (4)$$

并引用记号

---

① 我们在下面的论文中指出了这个定理：О некотором возможном обобщении теоремы площацей с применением к эацаче о катании шаров, Математический сборник, т. XX, 1897.

恰普雷金定理

$$\begin{cases} \dfrac{\gamma^2}{A} + \dfrac{\gamma'^2}{B} + \dfrac{\gamma''^2}{C} - \dfrac{1}{D} = -X \\ \dfrac{P\gamma}{A} + \dfrac{Q\gamma'}{B} + \dfrac{R\gamma''}{C} = Y \end{cases} \tag{5}$$

则由(2)得

$$\begin{cases} Ap = P + \gamma \dfrac{Y}{X},\ Bq = Q + \gamma' \dfrac{Y}{X} \\ Cr = R + \gamma'' \dfrac{Y}{X},\ D\omega = \dfrac{Y}{X} \end{cases} \tag{6}$$

总矩的不变性条件与保持铅直方向的条件可以写成

$$\begin{cases} \dfrac{\mathrm{d}P}{\mathrm{d}t} = rQ - qR,\ \dfrac{\mathrm{d}Q}{\mathrm{d}t} = pR - rP,\ \dfrac{\mathrm{d}R}{\mathrm{d}t} = qP - pQ \\ \dfrac{\mathrm{d}\gamma}{\mathrm{d}t} = r\gamma' - q\gamma'',\ \dfrac{\mathrm{d}\gamma'}{\mathrm{d}t} = p\gamma'' - r\gamma,\ \dfrac{\mathrm{d}\gamma''}{\mathrm{d}t} = q\gamma - p\gamma' \end{cases} \tag{7}$$

这就是球体的运动方程.

下面计算它们的积分. 首先,有关系式

$$\begin{cases} P^2 + Q^2 + R^2 = n \\ P\gamma + Q\gamma' + R\gamma'' = h \\ \gamma^2 + \gamma'^2 + \gamma''^2 = 1 \end{cases} \tag{8}$$

其次有动能方程

$$2T = pP + qQ + rR = l \tag{9}$$

此式根据(5),(6)可以写成

$$ZX = Y^2 \tag{10}$$

的形式. 倘若我们令

$$\dfrac{P^2}{A} + \dfrac{Q^2}{B} + \dfrac{R^2}{C} - l = -Z \tag{11}$$

的话,在上述公式中,h,l,n 表示任意的积分常数. 这里我们指出一点(以后仿此),数量 n,l,X,Z 都不是负的;关于后面两数的非负性,只需将等式(8),(10)与

第 1 章　恰普雷金论非完整约束系统

（5），（4）比较便易于明确.

现在我们来证明，由上述四个代数积分便可以将问题完全解决. 为此，只需找出方程组（7）的雅可比后添乘数即可. 用 S 表示这个乘数，并设它能用 $P, Q, R, \gamma, \gamma', \gamma''$ 表出，我们便得到关于 S 的等式如下

$$\frac{\partial}{\partial P}\left(S\frac{\mathrm{d}P}{\mathrm{d}t}\right) + \frac{\partial}{\partial Q}\left(S\frac{\mathrm{d}Q}{\mathrm{d}t}\right) + \frac{\partial}{\partial R}\left(S\frac{\mathrm{d}R}{\mathrm{d}t}\right) + \frac{\partial}{\partial \gamma}\left(S\frac{\mathrm{d}\gamma}{\mathrm{d}t}\right) + \frac{\partial}{\partial \gamma'}\left(S\frac{\mathrm{d}\gamma'}{\mathrm{d}t}\right) + \frac{\partial}{\partial \gamma''}\left(S\frac{\mathrm{d}\gamma''}{\mathrm{d}t}\right) = 0 \qquad (12)$$

其中 $\dfrac{\mathrm{d}P}{\mathrm{d}t}, \dfrac{\mathrm{d}Q}{\mathrm{d}t}, \cdots$ 用式（7）中的相应值代替（考虑式（16））. 我们注意，根据（6）与（9），可得

$$p = \frac{\partial T}{\partial P}, \quad q = \frac{\partial T}{\partial Q}, \quad r = \frac{\partial T}{\partial R}$$

故（12）即可化为

$$\frac{1}{S}\frac{\mathrm{d}S}{\mathrm{d}t} + \gamma\left(\frac{\partial q}{\partial \gamma''} - \frac{\partial r}{\partial \gamma'}\right) + \gamma'\left(\frac{\partial r}{\partial \gamma} - \frac{\partial p}{\partial \gamma''}\right) + \gamma''\left(\frac{\partial p}{\partial \gamma'} - \frac{\partial q}{\partial \gamma}\right) = 0 \qquad (13)$$

但将（6）微分可得

$$\frac{\partial q}{\partial \gamma''} - \frac{\partial r}{\partial \gamma'} = \frac{\gamma'R - \gamma''Q}{BCX}$$

$$\frac{\partial r}{\partial \gamma} - \frac{\partial p}{\partial \gamma''} = \frac{\gamma''P - \gamma R}{CAX}$$

$$\frac{\partial q}{\partial \gamma'} - \frac{\partial q}{\partial \gamma} = \frac{\gamma Q - \gamma'P}{ABX}$$

因此我们便得到了易于验证的关系式

$$\gamma\left(\frac{\partial q}{\partial \gamma''} - \frac{\partial r}{\partial \gamma'}\right) + \gamma'\left(\frac{\partial r}{\partial \gamma} - \frac{\partial p}{\partial \gamma''}\right) + \gamma''\left(\frac{\partial p}{\partial \gamma'} - \frac{\partial q}{\partial \gamma}\right)$$
$$= \frac{\gamma}{AX}(\gamma''q - \gamma'r) + \frac{\gamma'}{BX}(\gamma r - \gamma''p) + \frac{\gamma''}{CX}(\gamma'p - \gamma q)$$

$$= \frac{1}{2X}\frac{dX}{dt}$$

于是关系式(13)便化简为

$$\frac{1}{S}\frac{dS}{dt} + \frac{1}{2X}\frac{dX}{dt} = 0$$

从而

$$S\sqrt{X} = 常数$$

这样,根据雅可比定理即知,上述问题可以用积分号求解.

4.3　当动量的总矩具有水平位置时的问题的解法

现在转而寻求解决问题的公式. 我们先由一种特殊的假设开始:设总矩的方向为水平的,也就是 $h=0$. 先将代数积分中的 P, Q, R 用数量 p, q, r 代替并加以变换. 此时由(6)可知,动能积分(9)可以写成

$$Ap^2 + Bq^2 + Cr^2 - D\omega^2 = l \tag{14}$$

在 $h=0$ 的假设下考虑到(4),即可将关系式(8)写成

$$\begin{cases} \gamma^2 + \gamma'^2 + \gamma''^2 = 1 \\ Ap\gamma + Bq\gamma' + Cr\gamma'' - D\omega = Lp\gamma + Mq\gamma' + Nr\gamma'' = 0 \\ A^2p^2 + B^2q^2 + C^2r^2 - D^2\omega^2 = n \end{cases} \tag{15}$$

的形式. 按照(15)中的第二式,则由方程(7)可得

$$\begin{cases} pH = N\gamma''\dfrac{d\gamma'}{dt} - M\gamma'\dfrac{d\gamma''}{dt} \\ qH = L\gamma\dfrac{d\gamma''}{dt} - N\gamma''\dfrac{d\gamma}{dt} \\ rH = M\gamma'\dfrac{d\gamma}{dt} - L\gamma\dfrac{d\gamma'}{dt} \end{cases} \tag{16}$$

其中

$$H = L\gamma^2 + M\gamma'^2 + N\gamma''^2 \tag{17}$$

利用(4)将方程(14)写成下面的形式

第1章　恰普雷金论非完整约束系统

$$Lp^2 + Mq^2 + Nr^2 + D(r\gamma' - q\gamma'')^2 +$$
$$D(p\gamma'' - r\gamma)^2 + D(q\gamma - p\gamma')^2 = l$$

并将式(16)中的 p,q,r 的值代入上式,则得如下的结果

$$\frac{1}{H}\left[MN\left(\frac{\mathrm{d}\gamma}{\mathrm{d}t}\right)^2 + NL\left(\frac{\mathrm{d}\gamma'}{\mathrm{d}t}\right)^2 + LM\left(\frac{\mathrm{d}\gamma''}{\mathrm{d}t}\right)^2\right] +$$
$$D\left[\left(\frac{\mathrm{d}\gamma}{\mathrm{d}t}\right)^2 + \left(\frac{\mathrm{d}\gamma'}{\mathrm{d}t}\right)^2 + \left(\frac{\mathrm{d}\gamma''}{\mathrm{d}t}\right)^2\right] = l \quad (18)$$

又由积分(14)及(15)中的最后一个积分可得

$$L^2p^2 + M^2q^2 + N^2r^2 + D(Lp^2 + Mq^2 + Nr^2) = n - Dl$$

或者将公式(16)代入

$$\frac{1}{H^2}\sum\left(LN\gamma''\frac{\mathrm{d}\gamma'}{\mathrm{d}t} - LM\gamma'\frac{\mathrm{d}\gamma''}{\mathrm{d}t}\right)^2 + \frac{D}{H}\sum MN\left(\frac{\mathrm{d}\gamma}{\mathrm{d}t}\right)^2$$
$$= n - Dl \quad (19)$$

这里为了简便起见,我们采用求和的记号表示对于三个相似项求和;用与三个坐标相应的字母或者记号的轮换法,可以得出另外两个公式.在以后的推演中,也要用这种简写的记号.

现在按照下列公式引入新的常数

$$\begin{cases} La^2\sigma^2 = Mb^2\sigma^2 = Nc^2\sigma^2 = 1 \\ D\delta^2\sigma^2 = 1,\ 4l\sigma^2 = g,\ 4n\sigma^4 = k \end{cases} \quad (20)$$

其中 δ 表示如下的表达式

$$\delta = -(b^2 - c^2)(c^2 - a^2)(a^2 - b^2)$$

此外又令

$$a\gamma = x,\ b\gamma' = y,\ c\gamma'' = z \quad (21)$$

则由(15)中的第一个方程与方程(18),(19)即可得出下列关系式,用以确定 x,y,z 与时间的关系

恰普雷金定理

$$\begin{cases} \dfrac{x^2}{a^2} + \dfrac{y^2}{b^2} + \dfrac{z^2}{c^2} = 1 \\[2mm] \dfrac{4}{a^2 b^2 c^2} \dfrac{\sum \left(\dfrac{\mathrm{d}x}{\mathrm{d}t}\right)^2}{\sum \dfrac{x^2}{a^4}} + \dfrac{4}{\delta^2} \sum \dfrac{1}{a^2}\left(\dfrac{\mathrm{d}x}{\mathrm{d}t}\right)^2 = g \quad (22) \\[2mm] \dfrac{4}{\left(\sum \dfrac{x^2}{a^4}\right)^2} \sum \dfrac{y^2 z^2}{b^2 c^2}\left(\dfrac{b^2}{y}\dfrac{\mathrm{d}y}{\mathrm{d}t} - \dfrac{c^2}{z}\dfrac{\mathrm{d}z}{\mathrm{d}t}\right)^2 + \\[2mm] \dfrac{4 a^2 b^2 c^2}{\delta^2 \sum \dfrac{x^2}{a^4}} \sum \left(\dfrac{\mathrm{d}x}{\mathrm{d}t}\right)^2 = a^4 b^4 c^4 \left(k - \dfrac{g}{\delta^2}\right) \quad (23) \end{cases}$$

现在转到椭圆坐标,令

$$x^2 = \frac{a^2(a^2 + u)(a^2 + v)}{(b^2 - a^2)(c^2 - a^2)}$$

$$y^2 = \frac{b^2(b^2 + u)(b^2 + v)}{(c^2 - b^2)(a^2 - b^2)}$$

$$z^2 = \frac{c^2(c^2 + u)(c^2 + v)}{(a^2 - c^2)(b^2 - c^2)}$$

则有

$$2\frac{\mathrm{d}x}{x} = \frac{\mathrm{d}u}{a^2 + u} + \frac{\mathrm{d}v}{a^2 + v}$$

$$4\frac{\mathrm{d}x^2}{x^2} = \frac{\mathrm{d}u^2}{(a^2 + u)^2} + \frac{\mathrm{d}v^2}{(a^2 + v)^2} + 2\frac{\mathrm{d}u\mathrm{d}v}{(a^2 + u)(a^2 + v)}$$

对于 y, z 也有类似的方程. 根据这些公式可以得到

$$4\sum\left(\frac{\mathrm{d}x}{\mathrm{d}t}\right)^2 = \frac{\dot{u}^2}{\delta}\sum\frac{a^2 + v}{a^2 + u}a^2(b^2 - c^2) + \\ \frac{\dot{v}^2}{\delta}\sum\frac{a^2 + u}{a^2 + v}a^2(b^2 - c^2)$$

$$4\sum\left(\frac{\mathrm{d}x}{\mathrm{d}t}\right)^2\frac{1}{a^2} = \frac{\dot{u}^2}{\delta}\sum\frac{a^2 + v}{a^2 + u}(b^2 - c^2) +$$

第1章　恰普雷金论非完整约束系统

$$\frac{\dot{v}^2}{\delta}\sum \frac{a^2+u}{a^2+v}(b^2-c^2)$$

其中为了书写简便起见,令

$$\frac{\mathrm{d}u}{\mathrm{d}t}=\dot{u},\ \frac{\mathrm{d}v}{\mathrm{d}t}=\dot{v}$$

实施了求和法以后,便可以引出等式

$$\begin{cases} 4\sum\left(\dfrac{\mathrm{d}x}{\mathrm{d}t}\right)^2 = (u-v)\left\{\dfrac{u\,\dot{u}^2}{s(u)}-\dfrac{v\,\dot{v}^2}{s(v)}\right\} \\ 4\sum\dfrac{1}{a^2}\left(\dfrac{\mathrm{d}x}{\mathrm{d}t}\right)^2 = (u-v)\left\{\dfrac{\dot{u}^2}{s(u)}-\dfrac{\dot{v}^2}{s(v)}\right\} \end{cases} \quad (24)$$

其中 $s(\sigma)$ 表示如下的表达式

$$s(\sigma)=(a^2+\sigma)(b^2+\sigma)(c^2+\sigma) \quad (25)$$

此外又有

$$2\frac{b^2}{y}\frac{\mathrm{d}y}{\mathrm{d}t}-2\frac{c^2}{z}\frac{\mathrm{d}z}{\mathrm{d}t}=\frac{(b^2-c^2)\dot{u}u}{(b^2+u)(c^2+u)}+\frac{(b^2-c^2)\dot{v}v}{(b^2+v)(c^2+v)}$$

$$4\sum\frac{y^2}{b^2}\cdot\frac{z^2}{c^2}\left(\frac{b^2}{y}\frac{\mathrm{d}y}{\mathrm{d}t}-\frac{c^2}{z}\frac{\mathrm{d}z}{\mathrm{d}t}\right)^2$$

$$=-\frac{u^2\dot{u}^2}{\delta}\sum\frac{(b^2+v)(c^2+v)}{(b^2+u)(c^2+u)}(b^2-c^2)-$$

$$\frac{v^2\dot{v}^2}{\delta}\sum\frac{(b^2+u)(c^2+u)}{(b^2+v)(c^2+v)}(b^2-c^2)$$

实施了求和法以后

$$4\sum\frac{y^2 z^2}{b^2 c^2}\left(\frac{b^2}{y}\frac{\mathrm{d}y}{\mathrm{d}t}-\frac{c^2}{z}\frac{\mathrm{d}z}{\mathrm{d}t}\right)^2$$

$$=(v-u)\left\{\frac{u^2\dot{u}^2}{s(u)}-\frac{v^2\dot{v}^2}{s(v)}\right\} \quad (26)$$

最后,我们还有

$$\sum\frac{x^2}{a^4}=\frac{uv}{a^2 b^2 c^2}$$

利用上式与(24),(26)两式,即可将方程(22)与(23)

恰普雷金定理

变化为如下的形式

$$\frac{\dot{u}^2}{s(u)}\left(\frac{1}{v}-\frac{1}{\delta^2}\right)-\frac{\dot{v}^2}{s(v)}\left(\frac{1}{u}-\frac{1}{\delta^2}\right)=\frac{g}{u-v}$$

$$\frac{\dot{u}^2}{v\cdot s(u)}\left(\frac{1}{v}-\frac{1}{\delta^2}\right)-\frac{\dot{v}^2}{u\cdot s(v)}\left(\frac{1}{u}-\frac{1}{\delta^2}\right)=\frac{\dfrac{g}{\delta^2}-k}{u-v}$$

由此即得

$$\begin{cases}\dfrac{v-u}{v}\sqrt{\delta^2-v}\dfrac{\mathrm{d}u}{\mathrm{d}t}=\sqrt{(a^2+u)(b^2+u)(c^2+u)(ju-g\delta^2)}\\\dfrac{v-u}{u}\sqrt{\delta^2-u}\dfrac{\mathrm{d}v}{\mathrm{d}t}=\sqrt{(a^2+v)(b^2+v)(c^2+v)(jv-g\delta^2)}\end{cases}$$

(27)

其中
$$j=g-k\delta^2$$

设 $a>b>c$,则由关系式(27)以及已知的不等式
$$a^2>-v>b^2>-u>c^2$$
即可得出,j 必须小于零,而且
$$-v>-\frac{g\delta^2}{j}>-u$$

一定成立. 这样,当 $g\delta^2>-jb^2$ 时,$\dfrac{g\delta^2}{j}$ 便可以当作 v 的上界;而当 $g\delta^2<-jb^2$ 时,$\dfrac{g\delta^2}{j}$ 可以当作 u 的下界. 在前一种情形中,u 与 v 都在下面的界限内
$$-b^2<u<-c^2,\quad -a^2<v<\frac{g\delta^2}{j}$$
而在后一种情形中,u 与 v 都在如下的界限内
$$\frac{g\delta^2}{j}<u<-c^2,\quad -a^2<v<-b^2$$

为了便于写出最后的公式,我们引入变量 τ,使它

满足关系式

$$dt = d\tau \sqrt{(\delta^2 - u)(\delta^2 - v)} \qquad (28)$$

此时由公式(27)即得

$$\int \frac{u\,du}{F(u)} - \int \frac{v\,dv}{F(v)} = \alpha, \quad \int \frac{du}{F(u)} - \int \frac{dv}{F(v)} = \tau \quad (29)$$

其中 α 是任意的积分常数,而 F 由下面的公式确定

$$F(\sigma) = \sqrt{(a^2 + \sigma)(b^2 + \sigma)(c^2 + \sigma)(j\sigma - g\delta^2)(\delta^2 - \sigma)} \qquad (30)$$

由上述关系式可知,u,v 可以表示为两个变量 α,τ 的 υ - 函数. 然后由(28)即可得出时间与 τ 的关系,用积分法可得

$$t + \beta = \int \sqrt{(\delta^2 - u)(\delta^2 - v)}\,d\tau$$

其中 β 是任意常数.

现在取方向与已知的铅直方向相同的直线作为不动轴 $\Omega\zeta$ 轴;又取球体所滚的平面作为坐标面 $\Omega\xi\eta$;不动轴 $\Omega\eta$ 轴的方向平行于不变的总矩(总矩是水平的);最后,$\Omega\xi$ 轴关于 $\Omega\eta,\Omega\zeta$ 两轴的位置和 Ox 轴关于 Oy,Oz 两轴的位置一样. 在已知的时刻,如果除了已经得到的 γ,γ',γ'' 与 u,v 的关系以外,还能得出 Oxy 与 $\Omega\xi\eta$ 两面的交线与 $\Omega\eta$ 轴所成的角 ψ,并确定了球体与平面的接触点的坐标 ξ,η,那么滚动的球体的位置能够完全确定. 至于 ψ 角,则由公式

$$\cos\psi = \frac{P\gamma' - Q\gamma}{\sqrt{n}\sqrt{\gamma^2 + \gamma'^2}}$$

确定. 根据(2)与(5)可将此式重写为如下的形式

恰普雷金定理

$$\sqrt{n}\cos\psi \cdot \frac{\sqrt{1-\gamma''^2}}{\gamma''}\sum L\gamma^2$$

$$= \frac{1}{2}\frac{d}{dt}\sum MN\gamma^2 - (LM + D\sum L\gamma^2)\frac{1}{\gamma''}\frac{d\gamma''}{dt}$$

但

$$\sum L\gamma^2 = \frac{1}{\sigma^2}\sum \frac{x^2}{a^4} = \frac{uv}{\sigma^2 a^2 b^2 c^2}$$

$$\sum MN\gamma^2 = \frac{1}{\sigma^4 a^2 b^2 c^2}\sum x^2$$

$$= \frac{1}{\sigma^4 a^2 b^2 c^2}(a^2 + b^2 + c^2 + u + v)$$

$$\gamma'' = \frac{z}{c} = \sqrt{\frac{(c^2+u)(c^2+v)}{(b^2-c^2)(a^2-c^2)}}$$

$$\frac{1}{\gamma''}\frac{d\gamma''}{dt} = \frac{1}{2}\left(\frac{\dot{u}}{c^2+u} + \frac{\dot{v}}{c^2+v}\right)$$

$$\frac{1}{2}\frac{d}{dt}\sum MN\gamma^2 - \frac{LM}{\gamma''}\frac{d\gamma''}{dt} = \frac{1}{2\sigma^4 a^2 b^2 c^2}\left(\frac{u\dot{u}}{c^2+u} + \frac{v\dot{v}}{c^2+v}\right)$$

利用这些公式可以得到

$$uv\delta^2\sqrt{k}\cos\psi = \sqrt{\frac{(c^2+u)(c^2+v)}{(a^2-c^2)(b^2-c^2)-(c^2+u)(c^2+v)}} \times$$

$$\left[\frac{u\dot{u}(\delta^2-v)}{c^2+u} + \frac{v\dot{v}(\delta^2-u)}{c^2+v}\right]$$

或者将 $\dot{u}, \dot{v}$ 用式(27)中的值代入得

$$\delta^2\sqrt{k}\cos\psi = \frac{1}{v-u} \cdot \frac{\varphi(v)\varphi_1(u) + \varphi(u)\varphi_1(v)}{\sqrt{(a^2-c^2)(b^2-c^2)-(c^2+u)(c^2+v)}}$$

(31)

其中

$$\varphi(\sigma) = \sqrt{(c^2+\sigma)(\delta^2-\sigma)}$$

$$\varphi_1(\sigma) = \sqrt{(a^2+\sigma)(b^2+\sigma)(j\sigma-g\delta^2)}$$

本来公式(31)中应该包含任意常数,但由于不动轴的选择常数消失($\Omega\eta$ 轴的方向与球体的动量总矩的方向相同).

现在确定球体与它所在滚动平面的接触点的坐标 ξ, η. 为此,我们得到下列易于导出的关系式

$$\begin{cases} \sqrt{n}\dfrac{\mathrm{d}\eta}{\mathrm{d}t} = -\rho \sum P \dfrac{\mathrm{d}\gamma}{\mathrm{d}t} = -\rho \sum Lp \dfrac{\mathrm{d}\gamma}{\mathrm{d}t} \\ \sqrt{n}\dfrac{\mathrm{d}\xi}{\mathrm{d}t} = p \sum (R\gamma' - Q\gamma'') \dfrac{\mathrm{d}\gamma}{\mathrm{d}t} = \\ \rho \sum (R\gamma' - Q\gamma'')(r\gamma' - q\gamma'') \end{cases} \quad (32)$$

后一式易于化为

$$\sqrt{n}\dfrac{\mathrm{d}\xi}{\mathrm{d}t} = \rho(pP+qQ+rR) - \rho(p\gamma+q\gamma'+r\gamma'')(P\gamma+Q\gamma'+R\gamma'')$$

故由(8),(9)即知,当 $h=0$ 时可得

$$\sqrt{n}\dfrac{\mathrm{d}\xi}{\mathrm{d}t} = \rho l$$

从而

$$\xi - \xi_0 = \dfrac{\rho l}{\sqrt{n}} t \quad (33)$$

这样,我们便得到了有趣的结果:球体的中心做等速运动,其方向垂直于总矩. 在一般的情形下,当总矩具有铅直的分量时,这个结果便不能成立.

将确定 η 的公式加以变化,则得方程

$$\dfrac{\sqrt{k}}{2}\dfrac{\mathrm{d}\eta}{\mathrm{d}t} = -\dfrac{\rho xyz}{a^3 b^3 c^3 \sum \dfrac{x^2}{a^4}} \sum \left(\dfrac{b^2}{y}\dfrac{\mathrm{d}y}{\mathrm{d}t} - \dfrac{c^2}{z}\dfrac{\mathrm{d}z}{\mathrm{d}t}\right)\dfrac{\mathrm{d}x}{x\mathrm{d}t}$$

由此即得

恰普雷金定理

$$-2\sqrt{k}\frac{d\eta}{dt}$$

$$=\frac{\rho}{\delta uv}\frac{\sqrt{-s(u)s(v)}}{}\dot u\dot v\times$$

$$\sum\left[\frac{u(b^2-c^2)}{(b^2+u)(c^2+u)(a^2+v)}+\frac{v(b^2-c^2)}{(b^2+v)(c^2+v)(a^2+u)}\right]$$

实施求和法以后

$$2\sqrt{k}\frac{d\eta}{dt}=\frac{\rho(u-v)^2}{uv}\frac{\dot u\dot v}{\sqrt{-s(u)s(v)}}$$

于是利用(25),(27),(28)即得最后的结果如下

$$2\sqrt{k}(\eta-\eta_0)=\rho\int\sqrt{(g\delta^2-ju)(jv-g\delta^2)}\,d\tau \quad (34)$$

4.4 球体运动的一般情形

现在我们考虑以下的情形,当总矩的铅直分量 h 是任意数量的时候,我们证明将 4.3 中的公式稍加修改时,也可以解决这种一般的问题. 考虑 4.2 的公式 (1),(2),并在这些公式中令

$$\begin{cases}P=\mu'\gamma_1+\mu P_1,\ \gamma=\lambda'\gamma_1+\lambda P_1\\ Q=\mu'\gamma'_1+\mu Q_1,\ \gamma'=\lambda'\gamma'_1+\lambda Q_1\\ R=\mu'\gamma''_1+\mu R_1,\ \gamma''=\lambda'\gamma''_1+\lambda R_1\end{cases} \quad (35)$$

我们选取常数 $\lambda,\lambda',\mu,\mu'$,使得由于积分(8)可以推出关系式

$$\begin{cases}P_1^2+Q_1^2+R_1^2=n_1\\ \gamma_1^2+\gamma'^2_1+\gamma''^2_1=1\\ P_1\gamma_1+Q_1\gamma'_1+R_1\gamma''_1=0\end{cases} \quad (36)$$

其中 $\lambda,\lambda',\mu,\mu'$ 必须满足方程

$$\mu'^2+\mu^2 n_1=n,\ \lambda'^2+\lambda^2 n_1=1,\ \lambda'\mu'+\lambda\mu n_1=h \quad (37)$$

将(10)积分,也就是

第1章　恰普雷金论非完整约束系统

$$ZX - Y^2 = 0$$

(其中 X,Y,Z 由公式(5)与(11)确定),可以重写为展开的形式

$$\sum \frac{(Q\gamma'' - R\gamma')^2}{BC} - l\sum \frac{\gamma^2}{A} - \frac{1}{D}\sum \frac{P^2}{A} + \frac{l}{D} = 0$$

但由(35)知

$$\gamma'R - \gamma''Q = (\lambda'\mu - \mu'\lambda)(\gamma_1'R_1 - \gamma_1''Q_1)$$

故引入变量 $P_1, Q_1, \cdots$ 时,所研究的积分即可重写为

$$(\lambda'\mu - \mu'\lambda)^2 \sum \frac{(Q_1\gamma_1'' - R_1\gamma_1')^2}{BC} -$$

$$\left(l\lambda'^2 + \frac{\mu'^2}{D}\right)\sum \frac{\gamma_1^2}{A} - \left(l\lambda^2 + \frac{\mu^2}{D}\right)\sum \frac{P_1^2}{A} -$$

$$2\left(l\lambda'\lambda + \frac{\mu\mu'}{D}\right)\sum \frac{\gamma_1 P_1}{A} + \frac{l}{D} = 0$$

由此可知,如果常数 $\lambda, \lambda', \mu, \mu'$ 满足下列关系式

$$\begin{cases} (\lambda'\mu - \mu'\lambda)^2 l_1 = l\lambda'^2 + \dfrac{\mu'^2}{D} \\ (\lambda'\mu - \mu'\lambda)^2 \dfrac{1}{D_1} = l\lambda^2 + \dfrac{\mu^2}{D} \\ l\lambda'\lambda + \dfrac{\mu\mu'}{D} = 0 \\ (\lambda'\mu - \mu'\lambda)^2 \dfrac{l_1}{D} = \dfrac{l}{D} \end{cases} \quad (38)$$

那么在新的变量之间也存在着关系式

$$Z_1 X_1 = Y_1^2 \qquad (39)$$

其中

恰普雷金定理

$$\begin{cases} X_1 = \dfrac{1}{D_1} - \sum \dfrac{\gamma_1^2}{A} \\ Y_1 = \sum \dfrac{\gamma_1 P_1}{A} \\ Z_1 = l_1 - \sum \dfrac{P_1^2}{A} \end{cases} \quad (40)$$

我们易于明确关系式(38)中的最后一个等式是前面三个等式的推论. 至于前两个等式,它们确定新的常数 l_1, D_1. 为了找出 $\lambda, \lambda', \cdots$,我们可以从(37),(38)得到下列三个方程

$$h\lambda - \mu = \lambda'(\lambda\mu' - \mu\lambda')$$
$$h\mu - \lambda n = -\mu'(\lambda\mu' - \mu\lambda')$$
$$lD\lambda\lambda' + \mu\mu' = 0$$

由此即得

$$\begin{cases} \mu = \lambda f \\ f^2 - \dfrac{n-lD}{h} f - lD = 0 \\ [n - h^2 + (h-f)^2]\lambda'^2 = (h-f)^2 \\ \dfrac{\lambda'}{\mu'} = \dfrac{h-f}{n-hf} \\ \lambda\mu' - \mu\lambda' = \lambda\sqrt{n - h^2 + (h-f)^2} = \dfrac{(h-f)\lambda}{\lambda'} \end{cases} \quad (41)$$

此外又易于得出

$$\lambda^2 l_1 = \dfrac{(f-h)l}{f[n - h^2 + (h-f)^2]}$$

$$\lambda^2 n_1 = \dfrac{n - h^2}{n - h^2 + (h-f)^2}$$

$$D_1 = \dfrac{f-h}{f} D$$

第1章 恰普雷金论非完整约束系统

f 的二次方程决定 f 的两个实值. 我们易于证明, 与这两个实值相对应的方向 $\gamma, \gamma', \gamma''$ 彼此垂直. 欲明确此点, 只需作出这两个方向的交角的余弦; 易于求出, 这个余弦与下面的数量成比例

$$f_1 f_2 + n - h(f_1 + f_2)$$

而此式等于零, 因为

$$f_1 f_2 = -lD, \quad f_1 + f_2 = \frac{n - lD}{h}$$

这样, 由二次方程的两个根可以确定某个直角的两边. 如果矢量 $\gamma_1, \gamma_1', \gamma_1''$ 沿着其中的一边, 那么矢量 P_1, Q_1, R_1 便在另一边上. 由此可知, 这两个矢量在球体内一定描出相似的锥面.

现在用新的变量 $P_1, Q_1, \cdots$ 来表出角速度的分量. 我们先作 X, Y, Z 用 X_1, Y_1, Z_1 表出的式子. 由方程 (35) 与 (40) 可得

$$X = \frac{1}{D} - \sum \frac{\gamma^2}{A}$$

$$= \frac{1}{D} + \lambda'^2 \left(X_1 - \frac{1}{D_1} \right) +$$

$$\lambda^2 (Z_1 - l_1) - 2\lambda' \lambda Y_1$$

$$Y = \sum \frac{P\gamma}{A}$$

$$= -\lambda'\mu' \left(X_1 - \frac{1}{D_1} \right) -$$

$$\lambda\mu(Z_1 - l_1) + (\lambda'\mu + \mu'\lambda) Y_1$$

但由 (38) 中的前三个方程得出

$$\frac{\lambda'^2}{D_1} + \lambda^2 l_1 = \frac{1}{D}, \quad \frac{\lambda'\mu'}{D_1} + \lambda\mu l_1 = 0$$

因此, 考虑到 (39), 即得

恰普雷金定理

$$X = \frac{(\lambda'X_1 - \lambda Y_1)^2}{X_1}, \quad Y = -\frac{(\lambda'X_1 - \lambda Y_1)(\mu'X_1 - \mu Y_1)}{X_1} \tag{42}$$

然后又有

$$Z = \frac{Y^2}{X} = \frac{(\mu'X_1 - \mu Y_1)^2}{X_1}$$

利用这些关系式,则由公式(6)得

$$Ap = P + \gamma \frac{Y}{X} = \frac{(\lambda\mu' - \lambda'\mu)}{\lambda Y_1 - \lambda'X_1} X_1 \left(P_1 + \gamma_1 \frac{Y_1}{X_1} \right)$$

或者令

$$\frac{\lambda\mu' - \lambda'\mu}{\lambda Y_1 - \lambda'X_1} X_1 = \varphi \tag{43}$$

得

$$Ap = \varphi\left(P_1 + \gamma_1 \frac{Y_1}{X_1} \right)$$

$$Bq = \varphi\left(Q_1 + \gamma'_1 \frac{Y_1}{X_1} \right)$$

$$Cr = \varphi\left(R_1 + \gamma''_1 \frac{Y_1}{X_1} \right)$$

我们用等式

$$L_1 + D_1 = L + D = A, \quad M_1 + D_1 = B, \quad N_1 + D_1 = C$$

来确定系数 L_1, M_1, N_1. 利用关系式(41)便易于证明系数 L_1, M_1, N_1 全是正数;又在方程

$$\frac{\mathrm{d}P_1}{\mathrm{d}t} = rQ_1 - qR_1, \quad \frac{\mathrm{d}\gamma_1}{\mathrm{d}t} = r\gamma'_1 - q\gamma''_1$$

(以上两式为方程(7)的推论)中,令

$$p = \varphi p_1, \quad q = \varphi q_1, \quad r = \varphi r_1, \mathrm{d}t_1 = \varphi\mathrm{d}t \tag{44}$$

那么便可以断定,关于新变量的微分方程组与原有的方程组(7)完全相同. 此方程组的代数积分(36)与

(39)的形式和4.3中所研究过的一样.因此,由积分所得出来的解析推论,像我们在前面所得到与研究过的,仍然成立.这样,我们依然得到公式(15)~(30),但有一点差别:公式中所包含的没有标号的数量,现在改成右下角具有标号1的数量.又时间与辅助变量τ_1的关系,可以根据(44)(最后一式)得

$$\varphi \mathrm{d}t = \mathrm{d}t_1 = \sqrt{(\delta_1^2 - u)(\delta_1^2 - v)} \mathrm{d}\tau_1 \quad (45)$$

又根据公式(6)((6)中的最后一式与(43))可得

$$\varphi = \frac{\lambda \mu' - \lambda' \mu}{\lambda Y_1 - \lambda' X_1} X_1 = \frac{\lambda \mu' - \lambda' \mu}{D_1 \lambda \omega_1 - \lambda'} \quad (46)$$

至于ω_1,可由(16)得

$$\omega_1 \sum \frac{x^2}{a^4} = \frac{xyz}{a^3 b^3 c^3} \sum a^2 \left(\frac{b^2}{y} \frac{\mathrm{d}y}{\mathrm{d}t} - \frac{c^2}{z} \frac{\mathrm{d}z}{\mathrm{d}t} \right)$$

或者将x,y,z的表达式代入得

$$\omega_1 = \frac{\sqrt{s(v)s_1(u)} + \sqrt{s(u)s_1(v)}}{2(v-u)\sqrt{(\delta^2-u)(\delta^2-v)}}$$

其中

$$s(\sigma) = (a^2 + \sigma)(b^2 + \sigma)(c^2 + \sigma)$$
$$s_1(\sigma) = (g\delta^2 - j\sigma)(\delta^2 - \sigma)$$

此处为了书写简便起见,将右下方标号1略去.

和以前一样,用铅直线作为不动轴$\Omega\zeta$,又取平行于总矩在球体所滚动的平面上的投影的方向作为$\Omega\eta$轴,这样也确定了$\Omega\xi$轴.在此种情形下,和4.3相仿,ψ角可以用公式

$$\sqrt{n^2 - h^2} \cos \psi = \frac{P\gamma' - Q\gamma}{\sqrt{\gamma^2 + \gamma'^2}}$$

确定;但

$$P\gamma' - Q\gamma' = (\lambda\mu' - \mu\lambda')(P_1\gamma_1' - Q_1\gamma_1)$$

所以便由(31),将其中的 $\sqrt{k}$ 与 δ^2 用 $2\sigma^2$ $\sqrt{n-h^2}$ 与 δ_1^2 代替,再将右边乘以

$$\frac{\sqrt{\gamma_1^2+\gamma_1'^2}}{\sqrt{\gamma^2+\gamma'^2}}$$

即可得,这个分式易于用 u,v 表出.

至于接触点的坐标的导数,可仿以上公式得出,其与(32)的差别只是将 $\sqrt{n}$ 用 $\sqrt{n-h^2}$ 代替,化简得

$$\sqrt{n-h^2}\,\frac{d\xi}{dt}=\rho(l-\omega h)=\rho\left(l+\frac{\mu\omega_1-\mu'}{D(\lambda\omega_1-\lambda')}h\right)$$

$$\sqrt{n-h^2}\,\frac{d\eta}{dt}=-\rho\mu\lambda'\sum P_1\frac{d\gamma_1}{dt}$$

在第一个关系式中,我们利用了公式(42),在第二个关系式中利用了(6).

此时 ξ 的变化并非等速的,球体沿着与总矩垂直的方向做周期性滚动,忽快忽慢. 坐标 η 的变化可以同水平总矩的情形一样确定. 我们仍旧得到公式

$$2\sigma^2\sqrt{n-h^2}\,(\eta-\eta_0)$$
$$=\mu\lambda'\rho\int\sqrt{(g\delta^2-ju)(jv-g\delta^2)}\,d\tau \quad (47)$$

此式与(34)只有常数因子不同(这里略去了下标1). ξ 的公式可以利用(45)与(46)写成

$$\sqrt{n-h^2}\,(\xi-\xi_0)=\rho\left(l+f\frac{h}{D}\right)t-\rho\frac{h}{\lambda D}t_1$$

的形式,其中

$$t_1=\frac{\lambda\mu'-\mu\lambda'}{\lambda\omega_1-\lambda'}$$

4.5 运动的几何解释

为了用几何的观点来说明运动的过程,我们证明

下面的定理:在关于初始条件所作的最一般的假设下,有两条在空间中不变更方向而且通过球体与平面的接触点的直线,它们在整个的运动过程中都分别与依附于球面的两个二阶曲面相切(每一条直线切于其相应的曲面).这个定理可以由动能积分的几何意义非常简单地推出来;像 4.2 中所证明的,这个积分可以写成(10)的形式,得

$$\left(\sum \frac{P^2}{A} - l\right)\left(\sum \frac{\gamma^2}{A} - \frac{1}{D}\right) - \left(\sum \frac{P\gamma}{A}\right)^2 = 0$$

将此式乘以 $H^2\rho^2$,令

$$-\rho\gamma = x', \ -\rho\gamma' = y', \ -\rho\gamma'' = z'$$
$$HP = x'', HQ = y'', HR = z''$$

令 H,s 为使得关系式

$$H^2(l + sn) = \rho^2\left(\frac{1}{D} + s\right) = -Hh\rho s \tag{48}$$

成立的两个数. 此时上面的积分可以重写为

$$\left(\frac{x'^2}{A_1} + \frac{y'^2}{B_1} + \frac{z'^2}{C_1} - 1\right)\left(\frac{x''^2}{A_1} + \frac{y''^2}{B_1} + \frac{z''^2}{C_1} - 1\right) -$$
$$\left(\frac{x'x''}{A_1} + \frac{y'y''}{B_1} + \frac{z'z''}{C_1} - 1\right)^2 = 0 \tag{49}$$

其中

$$A_1 = \rho^2 \frac{\frac{1}{D} + s}{\frac{1}{A} + s}$$

B_1, C_1 也用相仿的公式确定.

由方程(49)可知,点 x'', y'', z'' 在一个锥面上,这个锥面恒与曲面

$$\frac{x^2}{A_1} + \frac{y^2}{B_1} + \frac{z^2}{C_1} - 1 = 0 \tag{50}$$

恰普雷金定理

相切(这个曲面与球面互相联系),而且锥顶是球体与平面相接触的点 x', y', z'. 这样,联结 x', y', z' 与 x'', y'', z'' 的线,便是这个锥面的一条母线,从而也与曲面(50)相切;但

$$x'' - x' = HP + \rho\gamma$$
$$y'' - y' = HQ + \rho\gamma'$$
$$z'' - z' = HR + \rho\gamma''$$

而矢量 P, Q, R 与 $\gamma, \gamma', \gamma''$ 在空间中都具有不变的方向,所以上述锥面的母线也有同样的性质. 又由公式(48)可得二次方程

$$(l + sn)\left(\frac{1}{D} + s\right) - h^2 s^2 = 0 \qquad (51)$$

用以确定 s,故有两个形如(50)的曲面. 以接触点为顶点,可以作不变的角与它相切,现在作这个角的余弦,它的分子是

$$J = H_1 H_2 n + \rho^2 + (H_1 + H_2) h\rho$$

其中 H_1, H_2 是对应于方程(51)的两个根的 H 的值;但由(48)知

$$H = -\frac{\rho}{h}\left(\frac{1}{Ds} + 1\right)$$

所以

$$J = \rho^2 \left\{\frac{n}{h^2} \cdot \frac{1}{D^2 s_1 s_2} + \frac{n - h^2}{h^2}\left(\frac{1}{Ds_1} + \frac{1}{Ds_2}\right) + \frac{n - h^2}{h^2}\right\}$$

利用(51)便易于得出 $J = 0$,从而角是直角.

不难证明,这个角的两边分别与 4.4 中的两个方向 $\gamma_1, \gamma_1', \gamma_1''$ 及 P_1, Q_1, R_1 重合. 事实上,由公式(35)可得

$$\gamma_1(\lambda\mu' - \mu\lambda') = \mu\left[\frac{P}{f} - \gamma\right]$$

其中 f 由方程(41)确定. 将(48)中的 s 用 H 代替,则得

$$\frac{\rho^2}{H^2} + \frac{n-lD}{h} \cdot \frac{\rho}{H} - lD = 0$$

由此式与上述 f 的方程,即可求出

$$\frac{H}{\rho} = -\frac{1}{f}$$

从而 $HP + \rho\gamma, HQ + \rho\gamma', HR + \rho\gamma''$ 便与 $\gamma_1, \gamma_1', \gamma_1''$ 成比例.

现在我们证明(50)中的两个曲面永远是实的. 为此,我们注意方程(51)的两个根是实数,而且被 $-\frac{1}{D}$ 与 $-\frac{l}{n}$ 所分离. 所以对于较小的根 s_1 而言(像以前一样,假设 $A<B<C$),即有

$$\frac{1}{D} + s_1 < 0, \quad \frac{1}{A} + s_1 = \frac{1}{L+D} - \frac{1}{D} + \frac{1}{D} + s_1 < 0$$

$$A_1 > B_1 > C_1 > 0, \quad \rho^2 - A_1 > 0$$

这样,(50)中的两个曲面,有一个是在球体内部的椭球;至于另一个曲面,则为双曲面. 欲明确此点,可以先注意不等式

$$\frac{1}{D} + s_2 > 0$$

然后再证明

$$\frac{1}{A} + s_2 > 0, \quad \frac{1}{C} + s_2 < 0 \tag{52}$$

为此,将方程(51)左边的 s 用 $-\frac{1}{A}$ 代替,再乘以 A^2D, 然后将 n,h,l 用 $p,q,r,\gamma,\gamma',\gamma''$ 表出的式子代替,并记

$$A = L+D, B = M+D, C = N+D$$

便易于得到下面的结果

恰普雷金定理

$$L(M+D)(L-M)q^2 + L(N+D)(L-N)r^2 - D[(L-M)q\gamma' + (L-N)r\gamma'']^2$$

但 $L < M < N$,所以这个数是负的. 因此, $-\dfrac{1}{A}$ 必定在方程(51)的两根之间,从而便推出了(52)中的第一个不等式. 倘若 L 是最大的惯性矩,那么上面的表达式便是正的,因为它可以写成

$$MA(L-M)q^2 + NA(L-N)r^2 + D(L-M)^2q^2\gamma^2 + D(L-N)^2r^2\gamma^2 + D[(L-M)q\gamma'' - (L-N)r\gamma']^2$$

此种论断使我们确信不等式(52)的真实性. 这样,对于(50)中的第二个曲面,即有

$$A_1 > 0, C_1 > 0$$

这个曲面上的点全在球外.

当 $h = 0$ 时,以上论证都成立. 在这种特殊情形下,所证的定理不能应用. 但此时动能积分可以写成

$$\sum \frac{P^2}{A^2}\left(\sum \frac{\rho^2\gamma^2}{A_2} - 1\right) - \left(\sum \frac{P\gamma\rho}{A_2}\right) = 0$$

的形式,其中

$$A_2 = \rho^2 \frac{\dfrac{1}{D} - \dfrac{l}{n}}{\dfrac{1}{A} - \dfrac{l}{n}}$$

其余(B_2, C_2 的表达式)仿此,或者可以写成

$$\sum \left(\frac{H^2P^2}{A_3} - 1\right) \sum \frac{\gamma^2}{A_3} - \left(\sum \frac{HP\gamma}{A_3}\right)^2 = 0$$

的形式,其中

$$A_3 = H^2 \frac{1 - \dfrac{n}{D}}{\dfrac{1}{A} - \dfrac{1}{D}}$$

(B_3,C_3 的定义仿此). 由前一个方程可知, 通过球面与平面的接触点而且表示总矩的矢量, 必与曲面

$$\frac{x^2}{A_2} + \frac{y^2}{B_2} + \frac{z^2}{C_2} = 1 \quad (53)$$

相切; 而由后一个方程可知, 通过 HP, HQ, HR 的铅直线, 必与如下的曲面相切

$$\frac{x^2}{A_3} + \frac{y^2}{B_3} + \frac{z^2}{C_3} = 1 \quad (54)$$

上面所证的定理在一定程度上说明了所论述运动的轨迹. 我们得到的结果还可以陈述如下: 在一般的情形中(当 $h \neq 0$ 时), 存在着某个矩形, 其各边的大小与方向都不变, 而且随时都与球面相切, 又矩形有一个顶点是接触点, 这个矩形的两对对边分别与(50)中的两个曲面相切; 由这种情形与积分(9)(它表示角速度在总矩上的投影的常数性)完全决定运动的过程. 如果 $h = 0$, 那么外接于球面的正方形具有铅直的与水平的边, 前者与曲面(54)相切, 后者与曲面(53)相切; 又由(33)可知, 这个正方形沿垂直于其平面的方向做等速运动.

我们现在再谈两点: 关于某个方向不变的直线在球面上所描出的曲线与重心所走的路径的形状. 如果总矩是水平的, 那么接触点在球面上所描出的曲线便具有简单的性质. 此时由公式(27)不难明白, 这个曲线是波形的, 而且它顺次相间地与两支曲线相交, 曲线是球面和以球心为顶点的某个二阶锥面的交口. 接触点在水平面上也描出波形曲线; 接触点同时到达波的顶点和球面椭圆上, 后者是接触点在球面上的轨迹的界限(公式(34)).

在一般情形下,点 $\rho\gamma_1, \rho\gamma_1', \rho\gamma_1''$ 在球面上也描出同样的曲线(4.4). 像前面已经证明的, 这种点是直径的一端, 而直径平行于内接的准向矩形的一边. 重心的路径大致与特殊情形下的路径相同(公式(47)).

4.6 运动的最简单的情形

现在指出几种特殊情形. 我们由 $h=0$ 的情形开始. 此时由于公式(29)中的超椭圆积分的蜕变能有所简化. 现在不谈有两个或者所有三个主惯性矩相等的情形, 因为在这种情况下, 球体的运动问题早已研究过了, 我们只分析由于初始条件的特殊性所产生的影响. 当 $-\dfrac{g\delta^2}{j}$ (公式(30)) 达到了 a^2, b^2, c^2 各值的时候, 便有所简化. 此时和以前一样, 仍设
$$a^2 > b^2 > c^2$$
我们易于明确, 在
$$ja^2 = -g\delta^2, \quad jc^2 = -g\delta^2$$
两种情形下, 实际运动一定分别遵守等式
$$v = -a^2 = 常数, \quad u = -c^2 = 常数$$
这就是球体滚动的情形. 在该情形下, OX 轴或者 OZ 轴(中心惯性椭球的轴)保持水平的方向, 这种运动是稳定的.

如果 $jb^2 = -g\delta^2$, 那么 u, v 都是变化的, 而且全趋近于 $-b^2$, 球体最后做使 OY 轴的方向保持不变的滚动. 这种运动是不稳定的.

现在转到 $h \neq 0$ 的假设. 易于看出, 在这种情况下, 球体可能按以下方式滚动: 使得一个惯性轴在空间保持不变的方向, 而此方向并非水平的. 此外, 这也是很奇异的特殊情形, 这种情形的特征是: 在与它相应的初

第 1 章 恰普雷金论非完整约束系统

始条件下(而且只在这种初始条件下),4.4 中的分析不能应用. 因此当我们假设总矩的方向为铅直的方向时,便得到这种情形. 转到 4.2 的公式(2),并在其中令

$$P = h\gamma, \quad Q = h\gamma', \quad R = h\gamma''$$

则(8)中的积分便成为

$$\gamma^2 + \gamma'^2 + \gamma''^2 = 1$$

又由动能方程得

$$\frac{\gamma^2}{A} + \frac{\gamma'^2}{B} + \frac{\gamma''^2}{C} = k \quad (55)$$

其中 k 是常数. 根据(6)可以得到角速度的分量

$$Ap = \gamma\left[h + \frac{hkD}{1-kD}\right] = l\gamma$$

$$Bq = l\gamma', \quad Cr = l\gamma'', \quad l(1-kD) = h \quad (56)$$

此时问题的微分方程便是欧拉方程

$$A\frac{\mathrm{d}p}{\mathrm{d}t} = (B-C)qr$$

$$B\frac{\mathrm{d}q}{\mathrm{d}t} = (C-A)rp$$

$$C\frac{\mathrm{d}r}{\mathrm{d}t} = (A-B)pq$$

我们不再做进一步的计算,只指出这种运动的一个奇特的几何解释. 为此,可以引入坐标由公式

$$xl = \lambda p - \rho l\gamma, \quad yl = \lambda q - \rho l\gamma', \quad zl = \lambda r - \rho l\gamma'' \quad (57)$$

确定的点,而常数 λ 取大于 $C\rho, B\rho, A\rho, \dfrac{\rho}{k}$ 的数. 由公式(55)与(56)可知,这个点的半径矢在铅直线上的投影是常数,从而这点恒在一个不变的水平面上. 而在物体内部它沿着椭球面

$$\frac{x^2}{\frac{\lambda}{A}-\rho}+\frac{y^2}{\frac{\lambda}{B}-\rho}+\frac{z^2}{\frac{\lambda}{C}-\rho}=\lambda k-\rho \qquad (58)$$

运动. 利用上面的公式不难明确此点. 我们易于看出，曲面在点 (x,y,z) 处与水平面相切. 最后，我们再注意，如果在方程(57)中令 x,y,z 为流动的坐标，则当 λ 变化时，由这些方程即可确定瞬时旋转轴. 由上述可知，运动是如此施行的：球面本身在一个水平面上无滑动地滚动，而属于它的椭球(58)则沿另一个水平面上滚动，其瞬时的角速度与旋转轴的一条线段成比例. 这条线段是介于球面与平面的接触点以及椭球与平面的接触点之间的.

附录　关于 C. A. 恰普雷金的非全定系统的动力学的工作

　　本书所选的 C. A. 恰普雷金的关于理论力学的著作，是 C. A. 恰普雷金从事科学活动的早期作品，当时他的主要研究对象是纲体动力学. 节选他的硕士论文以及相关的著作中的部分关于纲体在理想流体中的运动情形的几何学与运动学的分析的研究；另一部分关于重纲体的动力学，并且包括重纲体的运动方程的新的可积情形——在关于运动的初始条件的某些特殊但相当广泛的假设下的研究. 本附录所选的四篇关于非全定系统理论的著作，也是他的纲体动力学的研究之一.

　　前两篇著作是关于非全定系统的基本运动方程的推导以及这种方程化为哈密尔顿正则方程的可能性和

第1章 恰普雷金论非完整约束系统

雅可比的完全积分的方法在非全定系统中的推广. 这样,在 C. A. 恰普雷金的这些著作中,包括了非全定系统的解析力学原理.

另外两篇著作讲动力学的一般定理对于球体的各种滚动问题的应用. 由于 C. A. 恰普雷金所发现的关于动量矩的定理的推广,使此定理得以应用. 同时,由于定理的推广,在论文"论球体在水平面上滚动"中,给出一个关于不均匀的重球在水平面上滚动问题的解法,此时对于球内的质量分布所作的假设是非常广泛的.

我们考虑某个力学系统,并设系统中的任意一点的坐标 x_ν, y_ν, z_ν 都可以写成 n 个几何独立的参数 $q_1, q_2, \cdots, q_n$ 的函数. 此时呈达朗贝尔形式的动力学基本方程

$$\sum_\nu \left\{ \left(m_\nu \frac{\mathrm{d}^2 x_\nu}{\mathrm{d} t^2} - X_\nu \right) \delta x_\nu + \left(m_\nu \frac{\mathrm{d}^2 y_\nu}{\mathrm{d} t^2} - Y_\nu \right) \delta y_\nu + \left(m_\nu \frac{\mathrm{d}^2 z_\nu}{\mathrm{d} t^2} - Z_\nu \right) \delta z_\nu \right\} = 0$$

可以变换为如下的形式

$$\sum_{\alpha=1}^n \left\{ \frac{\mathrm{d}}{\mathrm{d} t} \frac{\partial T}{\partial q'_\alpha} - \frac{\partial T}{\partial q_\alpha} - Q_\alpha \right\} \delta q_\alpha = 0 \qquad (1)$$

这里采用解析力学中的常用记号.

参数 $q_1, q_2, \cdots, q_n$ 是独立的数量. 如果像平常一样,系统的运动情况并未使变分 $\delta q_1, \delta q_2, \cdots, \delta q_n$ 有任何相关性,那么所考虑的系统便叫作全定系统.

对于全定系统所得出的方程(1),由于所有变分 $\delta q_1, \delta q_2, \cdots, \delta q_n$ 的独立性,可以化为一组拉格朗日方程,它们的个数等于参数 q 的个数

恰普雷金定理

$$\frac{\mathrm{d}}{\mathrm{d}t}\frac{\partial T}{\partial q'_\alpha} - \frac{\partial T}{\partial q_\alpha} = Q_\alpha \ (\alpha = 1, 2, \cdots, n) \qquad (2)$$

由这些方程可找出所有参数与时间的关系.

但也存在一类力学系统,为了要确定其中各点的位置至少要用 n 个参数,但在这些参数的变分之间,由于运动学条件,存在着一些附带的线性关系式. 具有这种性质的力学系统叫作非全定系统.

对于非全定系统而言,由于变分 $\delta q_1, \delta q_2, \cdots, \delta q_n$ 的相关性,使得从方程(1)不能导出方程(2).

C. A. 恰普雷金首先说明了在上述情形下,应该如何将方程(1)加以变换,使得由方程(1)可以得出一组方程用以确定参数 $q_1, q_2, \cdots, q_n$. 在施行这种变换以后,C. A. 恰普雷金得到了非全定系统的运动方程,此方程与拉格朗日方程(2)相仿.

非全定系统的一般的运动方程在世界性文献中的首次建立,正是由于 C. A. 恰普雷金关于旋转体的滚动问题的研究.

在得到恰普雷金形式的运动方程之后,立刻有其他学者——苏联的和其他国家的——得到了非全定系统的运动方程的其他形式. 但运动方程的组成以及它的各种性质的研究的最佳结果都是属于 C. A. 恰普雷金的. 因此,C. A. 恰普雷金可以算作非全定系统的解析力学的创始人.

当我们考虑一个重纲体在另一个重纲体上面运动,并假设在接触点处没有滑动时,便可以得到非全定系统.

例如,在铅直面内有一个半径为 a 的圆盘沿水平线上滚动,这个圆盘的位置可以由两个独立的参数来

第1章 恰普雷金论非完整约束系统

确定:盘与线的接触点的横坐标 q_1,圆盘的任一个指定的半径与水平线的交角 q_2. 如果圆盘的边缘和直线都是理想光滑的,那么在变分 δq_1,δq_2 之间并无任何关系式,因为当圆盘在直线上做微小位移 δq_1 的前进运动时,圆盘也可以转动任何角 δq_2,而 δq_2 与位移 δq_1 无关. 这样,我们的系统便是全定的,因而可以写出两个拉格朗日方程.

但若圆盘沿直线上滚动而无滑动,那么圆盘在与直线相接触的点处的速度便等于零:$q_1' + a q_2' = 0$;由此式即可建立参数的变分之间的关系:$\delta q_1 + a \delta q_2 = 0$,从而方程(1)并不能化为两个拉格朗口方程.

我们再考虑一个在水平面 P 上运动的钢球. 这个球的位置可以用 5 个独立的参数来确定. 我们取球面与平面的接触点的直角坐标作为参数 q_1,q_2. 在球内任取某条直径 D,并通过直径 D 作铅直平面 V;令 V,P 两面的交口直线 L 与直径 D 所成的角为 q_3;又令直线 L 与平面 P 内的 OX 轴的交角为 q_4;最后,用 q_5 表示平面 V 与通过 D 的某个确定的平面所成的角.

当给定了 $q_1,\cdots,q_5$ 后,球体在空间中的位置便完全确定了. 如果平面与球面都是理想光滑的话,那么 $\delta q_1,\cdots,\delta q_5$ 彼此之间并无任何关系,因为当球面上的滚动点的位移为 δq_1,δq_2 的时候,角的变化 δq_3,δq_4,δq_5 可以取得任何值,原因是球面与平面之间毫无关联. 在这种情形下,我们便有了全定系统,而方程(1)给出 5 个形式如(6)的方程.

但若球体在平面上滚动而无滑动,那么球面上的点在已知时刻下与接触点重合,一定没有速度,这样便导出了 $\delta q_1,\cdots,\delta q_5$ 之间的两个关系式如下

$$\begin{cases} \delta q_1 + a(\cos q_4 \delta q_3 - \sin q_4 \cos q_3 \delta q_5) = 0 \\ \delta q_2 + a(\sin q_4 \delta q_3 + \cos q_4 \cos q_3 \delta q_5) = 0 \end{cases} \quad (3)$$

这样,在平面上滚动而无滑动的球便是非全定系统,从而方程(1)不能化为 5 个独立的方程来确定 $q_1,\cdots,q_5$.

我们注意,关系式(3)与论文"论重旋转体在水平面上的运动"中的 3 个条件(12)等价,而且

$$q_1 = x, \ q_2 = y, \ q_3 = \alpha, \ q_4 = \gamma, \ q_5 = \beta$$

由前面所论述的可以推想到,非全定系统的运动方程的组成问题可以用下面的方法求解:我们假设由于系统所受的约束,使得参数存在着 k 个独立关系式

$$\begin{cases} \omega_1 \equiv a_{11}\delta q_1 + \cdots + a_{1n}\delta q_n = 0 \\ \quad\quad\quad\quad \vdots \\ \omega_k \equiv a_{k1}\delta q_1 + \cdots + a_{kn}\delta q_n = 0 \end{cases} (n > k) \quad (4)$$

利用上式并由方程(1)中消去 k 个任意的变分,例如 $\delta q_1, \delta q_2, \cdots, \delta q_k$,然后再令其余的任意变分的系数等于零;这样,我们便得到了 $n-k$ 个方程,将这些方程添加以下 k 个方程

$$\begin{cases} a_{11}\delta q_1 + \cdots + a_{1n}\delta q_n = 0 \\ \quad\quad\quad\quad \vdots \\ a_{k1}\delta q_1 + \cdots + a_{kn}\delta q_n = 0 \end{cases} \quad (5)$$

我们便得到了非全定系统的完全运动方程组. C. A. 恰普雷金用这种方法作出了他的非全定系统的一般运动方程(论文"论重旋转体在水平面上的运动"中的方程(7)).

现在我们考虑 n 个变分 $\delta q_1, \cdots, \delta q_n$ 之间的线性独立的关系组(4).

方程组 $\omega_1 = 0, \cdots, \omega_k = 0$ 叫作完全可积的,倘若可以找到函数 $\lambda_{ji}(q_1, q_2, \cdots, q_n)$,使得下列关系式成立

第1章 恰普雷金论非完整约束系统

$$\lambda_{11}\omega_1 + \cdots + \lambda_{1k}\omega_k = \delta F_1$$
$$\vdots$$
$$\lambda_{k1}\omega_1 + \cdots + \lambda_{kk}\omega_k = \delta F_k$$

其中 $F_1,\cdots,F_k$ 是参数 $q_1,q_2,\cdots,q_n$ 的某些函数. 在这种情形下, 方程组 $\omega_1=0,\cdots,\omega_k=0$ 给出了参数 q_1, $q_2,\cdots,q_n$ 之间的 k 个有限关系式 $F_1=C_1,\cdots,F_k=C_k$, 从而 k 个参数 $q_1,q_2,\cdots,q_k$ 可以用 $n-k$ 个参数 $q_{k+1},\cdots,q_n$ 表出. 在这种情形下, 运动系统中的点的位置, 可以用 $n-k$ 个独立参数 $q_{k+1},\cdots,q_n$ 来确定, 从而当方程(5)为完全可积的时候, 我们便可以写出拉格朗日方程来确定 $q_{k+1},\cdots,q_n$ 与时间的关系. 在这种情形下, 我们就有了假的非全定系统. 但是对于大多数非全定系统而言, 约束方程组 $\omega_1=0,\cdots,\omega_k=0$ 并不构成完全可积的组, 圆盘在直线上滚动的情形(其中 $\delta q_1 + a\delta q_2$ 是 q_1+aq_2 的完全变分)或许是唯一的例外.

于是在这种情况下, 我们将具有不可积的约束条件的系统称作非全定系统, 但这种方法稍嫌过严.

易于看到, 在平面上滚动而无滑动的球的问题中, 确实具有不可积的约束条件.

但我们不可如此猜想, 当方程组 $\omega_1=0,\cdots,\omega_k=0$ 不是完全可积的时候, 那么便根本不能由它们得出变量之间的任何关系式. 我们不拟说明方程组 $\omega_1=0,\cdots,\omega_k=0$ 的积分法的问题, 而只举一个例子: 假定某个非全定系统中的 3 个独立参数 q_1,q_2,q_3 的变分之间, 有约束方程 $\delta q_2 - q_3\delta q_1 = 0$ 存在. 这个方程并不是完全可积的, 因为我们不能找到函数 $F(q_1,q_2,q_3)$, 使得 δF 与二项式 $\delta q_2 - q_3\delta q_1$ 成比例. 但是令 $q_2 = f(q_1)$, $q_3 = f'(q_1)$ 时, 方程 $\delta q_2 - q_3\delta q_1 = 0$ 却能满足, 不论

恰普雷金定理

$f(q_1)$ 是什么函数.

C. A. 恰普雷金曾就特殊的约束条件得到基本的运动方程,但我们只需重复"论重旋转体在水平面上的运动"一文中的论断,便可以得出在一般的约束之下的方程.

第二篇论文"非全定系统的运动理论的研究. 关于简化乘数的定理",是关于旋转纲体运动的发展与延续. 在这篇论文里面提出了将前一篇著作中所得到的运动方程化为哈密尔顿的正则方程的形式的问题.

这种化法是如此施行的:引入微分方程 $\mathrm{d}\tau - N(q, q_1)\mathrm{d}t = 0$,将基本的时间自变量 t 用新的变量 τ 代替. 函数 $N(q, q_1)$ 称为简化系数,对于多数非全定系统而言,都可以用积分号来确定. 此时这种系统的运动服从稍经修改的哈密尔顿变分原理.

由于简化乘数的引入,可将雅可比的利用完全积分的积分法推广到一定形式的非全定系统中. C. A. 恰普雷金确立了他所考虑的非全定系可以利用两个一阶偏微分方程的积分法求积分.

利用简化乘数的求法将运动方程积分的例子,可由一系列的问题所说明;此时新概念的引入对于一般理论的推演以及特殊问题的解法都是很有效的.

C. A. 恰普雷金所发现的广义面积定理,也是具有一般性的结果之一. 这种推广对于全定系统与非全定系统都能应用.

在"论面积定理的某种可能的推广及其在球的滚动问题中的应用"中,可以看到这个定理对于非全定系统的应用;由于这个定理,使得 C. A. 恰普雷金能够解决关于球的运动的一系列复杂的问题.

第1章 恰普雷金论非完整约束系统

除了发展一般的理论以外,C. A. 恰普雷金也从事非全定系统的动力学的特殊问题解法的研究. 我们必须特别指出论文"论球体在水平面上的滚动"中所推演的结果,其中包括球体运动问题的解法. 当对质量分布作了一般的假设时,这个问题的方程可在重心与几何中心重合的唯一假设之下进行积分,而中心惯性椭球却是任意的三轴椭球.

在"论球体在水平面上的滚动"中,对于问题作了完备而巧妙的解析研究,并且对球体的整个滚动过程进行了清晰的几何说明,这就使得这篇论文成为纲体动力学研究中最优秀的成果之一.

读者如果想了解非全定系统的动力学的发展史,可以参看下列著作的导引的章节:X. M. Мущтари, о катании тяжёлого твёрдого теда вращения по неподвижной горизонтальной пдоскостн (Матем. сбориик, т. 39, 1932, 105-126); В. В. Добронравов, Анадитическая механика в неголономных координатах. (Учёные записки Московского университета, вьш. 122, 1948, 77-183.)

编者的注解

(取自 C. A. 恰普雷金全集第一卷,国家技术理论书籍出版社,1948)由第 27 页的方程(26),我们可以找到

$$[A + M(\xi^2 + \zeta^2)]q^2 = [c^2 - 2Mg\rho(1 - l\sin\alpha)] - [Ap^2 + Br^2 + M(r\xi - p\zeta)^2]$$

恰普雷金定理

其中
$$q = -\frac{d\alpha}{dt}$$

(第 20 页公式(17)). 将此式乘以 $\cos^2\alpha = 1 - u^2$ 得
$$[A + M(\xi^2 + \zeta^2)]\dot{u}^2$$
$$= (1 - u^2)[c^2 - 2Mg\rho(1 - lu)] -$$
$$(1 - u^2)[Ap^2 + Br^2 + M(r\xi - p\zeta)^2]$$

这是第 28 页方程(27)的另一种形式. 由此即得
$$K = (1 - u^2)[Ap^2 + Br^2 + M(r\xi - p\zeta)^2]$$

又 K 可以化为下面的形式
$$K = a^2\{A + M\rho^2(l-u)^2\} + M\rho^2 b^2\{1 - u^2 + m^2(l-u)^2\} -$$
$$2abM\rho^2(l-u)\sqrt{\frac{B}{M\rho^2} + 1 - u^2 + m^2(1-u)^2}$$

因此,当
$$a^2\{A + M\rho^2(1 \mp l)^2\} + M\rho^2 b^2 m^2(1 \mp l)^2 \pm$$
$$2abM\rho^2(1 \mp l)\sqrt{\frac{B}{M\rho^2} + m^2(1 \pm l)^2} = 0 \quad (a)$$

的时候,K 便有根 ± 1. 但
$$\sqrt{\frac{B}{M\rho^2} + m^2(1 \mp l)^2} = \sqrt{\frac{Am^2}{M\rho^2} + m^2(1 \mp l)^2}$$

所以方程(a)可以写成
$$[a\sqrt{A + M\rho^2(1 \mp l)^2} \pm b\sqrt{M\rho^2}m(1 \mp l)]^2 = 0$$

的形式,从而即可推出方程(29)与(30).

若曲线
$$y = f(u)$$
与
$$y = K(u)$$

第 1 章 恰普雷金论非完整约束系统

相切于区间
$$-1 \leqslant u \leqslant 1$$
内一点,那么此式便成立.

令
$$\begin{cases} p' - p\left(1 + \dfrac{b}{\rho}\right) = P \\ q' - q\left(1 + \dfrac{b}{\rho}\right) = Q \\ r' - r\left(1 + \dfrac{b}{\rho}\right) = R \end{cases}$$

将第 57 页方程(14)写成
$$\begin{cases} Q\zeta + Ry = \dfrac{b}{\rho}\dfrac{\mathrm{d}x}{\mathrm{d}t} \\ Rx + P\zeta = -\dfrac{b}{\rho}\dfrac{\mathrm{d}y}{\mathrm{d}t} \\ Py - Q_x = \dfrac{b}{\rho}\dfrac{\mathrm{d}\zeta}{\mathrm{d}t} \end{cases} \quad (6)$$

的形式,其中
$$b^2 = x^2 + y^2 + \zeta^2$$

而
$$-\zeta = z - a$$

(第 57 页的方程(15)与第 61 页的方程(26)).此外,又由第 60 页的方程(24)可得
$$\sigma = Px + Qy + R(z - a) = Px + Qy - R\zeta$$

由方程(6)得出
$$\dfrac{b}{\rho}\left(\dfrac{\mathrm{d}\zeta}{\mathrm{d}t}y - \zeta\dfrac{\mathrm{d}y}{\mathrm{d}t}\right) = P(\zeta^2 + y^2) + x(R\zeta - Qy)$$

或者

恰普雷金定理

$$\frac{b}{\rho}\left(\frac{\mathrm{d}\zeta}{\mathrm{d}t}y - \zeta\frac{\mathrm{d}y}{\mathrm{d}t}\right) = P(\zeta^2 + y^2) + x(Px - \sigma)$$

也就是

$$\frac{b}{\rho}\left(\frac{\mathrm{d}\zeta}{\mathrm{d}t}y - \zeta\frac{\mathrm{d}y}{\mathrm{d}t}\right) = P(x^2 + y^2 + \zeta^2) - x\sigma$$

约束力学系统的欧拉-拉格朗日体系的方程及其研究进展

第 2 章

原苏联著名学者甘特马赫尔在他的《分析力学讲义》中指出:"提出力学的普遍原理(微分或变分原理),由此导出基本运动微分方程,研究方程本身和它们的积分方法,所有这些组成分析力学的基本内容."1788 年,拉格朗日在他的《分析力学》中给出完整系统在广义坐标下的方程,即拉格朗日方程,奠定了拉格朗日力学的基础. 哈密尔顿于 1834 年发表长文 *On a general method in dynamics*,又于 1835 年发表长文 *Second essay on a general method in dynamics*,提出变分原理和正则方程,奠定了哈密尔顿力学的基础. 1894 年,赫茨首次将约束和力学系统分成完整的和非完整的两大类,从此开展了非完整力学的研究. 下面是罗绍凯、张永发等对分析力学的欧拉-拉格朗日体系的方程的综述.

恰普雷金定理

§1 完整力学系统的拉格朗日方程

设力学系统所受的约束是理想、双面、完整的,其位形由 n 个广义坐标 $q_s(s=1,\cdots,n)$ 来确定,则系统的运动微分方程可表示为

$$\frac{\mathrm{d}}{\mathrm{d}t}\frac{\partial T}{\partial \dot{q}_s} - \frac{\partial T}{\partial q_s} = Q_s \quad (s=1,\cdots,n) \tag{1}$$

这就是著名的第二类拉格朗日方程,其中 T 为系统的动能,Q_s 为广义力. 对于广义力有势的情形,即存在函数 $V = V(t,q)$ 使得

$$Q_s = -\frac{\partial V}{\partial q_s} \tag{2}$$

方程(1)可表示为

$$\frac{\mathrm{d}}{\mathrm{d}t}\frac{\partial L}{\partial \dot{q}_s} - \frac{\partial L}{\partial q_s} = 0 \tag{3}$$

其中 $L = T - V$. 对于广义力有广义势的情形,即存在某函数 $V = V(t,q,\dot{q})$ 使得

$$Q_s = -\frac{\partial V}{\partial q_s} + \frac{\mathrm{d}}{\mathrm{d}t}\frac{\partial V}{\partial \dot{q}_s} \tag{4}$$

方程有(3)的形式. 注意,式(4)中的函数 V 对 $\dot{q}$ 是线性的. 某些二阶微分方程组在一定条件下也可表示为(3)的形式,这就是所谓拉格朗日力学逆问题. 引入欧拉算子

$$E_s = \frac{\mathrm{d}}{\mathrm{d}t}\frac{\partial}{\partial \dot{q}_s} - \frac{\partial}{\partial q_s} \tag{5}$$

则方程(1)可表示为
$$E_s(T) = Q_s \tag{6}$$
而方程(3)可表示为
$$E_s(L) = 0 \tag{7}$$
方程(7)具有简单形式,并有重要特征,例如,由此可以导出循环积分和广义能量积分以及相关的降阶法.

如果选多余坐标,可建立有多余坐标完整系统的拉格朗日方程,其优点是可以用来求约束反力.如果引进准坐标,可建立准坐标下的拉格朗日方程,其有恰普雷金形式和玻尔兹曼-哈梅尔形式.如果引进 Lur's 耗散函数,可建立有耗散函数的拉格朗日方程方程.

§2 非完整系统带乘子的拉格朗日方程

设力学系统的位形由 n 个广义坐标 $q_s(s=1,\cdots,n)$ 来确定,其运动受有 g 个理想的双面切塔耶夫型非完整约束
$$f_\beta(t,q,\dot{q}) = 0 \quad (\beta = 1,\cdots,g) \tag{1}$$
约束.(1)加在虚位移 δq_s 上的限制为阿佩尔-切塔耶夫条件
$$\frac{\partial f_\beta}{\partial \dot{q}_s}\delta q_s = 0 \tag{2}$$
由式(2)和达朗贝尔-拉格朗日原理,利用拉格朗日乘子法,可导出非完整系统带乘子的拉格朗日方程
$$E_s(T) = Q_s + \lambda_\beta \frac{\partial f_\beta}{\partial \dot{q}_s} \tag{3}$$

其中 λ_β 为约束乘子,带 λ_β 的项为广义非完整约束反力. 方程(1),(3)构成封闭方程组. 利用方程(1),(3)不仅可求解非完整系统的运动,而且还可求出非完整约束反力.

如果非完整约束是线性的,方程(3)就是劳思在 1884 年得到的方程,因此方程(3)也称为劳思方程.

如果约束(1)是非切塔耶夫型的,已知虚位移方程为

$$F_{\beta s}(t,q,\dot q)\delta q_s = 0 \tag{4}$$

那么运动微分方程为

$$E_s(T) = Q_s + \lambda_\beta F_{\beta s} \tag{5}$$

方程(5)比方程(3)更为普遍,因为当

$$F_{\beta s} = \frac{\partial f_\beta}{\partial \dot q_s} \tag{6}$$

时,方程(5)成为方程(3).

§3 麦克米伦方程

设非完整约束方程表示为

$$\dot q_{\varepsilon\beta} = \varphi_\beta(t,q_s,\dot q_\sigma) \tag{1}$$

$(\beta=1,\cdots,g;s=1,\cdots,n;\sigma=1,\cdots,\varepsilon;\varepsilon=n-g)$

令 $(\dot r_i)$ 表示 $\dot r_i$ 中的 $\dot q_{\varepsilon+\beta}$ 用式(1)代替所得表达式,$\tilde T$ 表示嵌入约束(1)后的动能,则

$$\tilde T = \frac{1}{2}m_i(\dot r_i)\cdot(\dot r_i)\quad(i=1,\cdots,N) \tag{2}$$

其中 m_i 为系统中第 i 个质点的质量,N 为质点数目. 广义麦克米伦方程表示为

$$E_\sigma(\widetilde{T}) = \widetilde{Q}_\sigma + m_i(\dot{r}_i) \cdot E_\sigma((\dot{r}_i)) \quad (\sigma = 1, \cdots, \varepsilon) \tag{3}$$

其中

$$\widetilde{Q}_\sigma = Q_\sigma + Q_{\varepsilon+\beta} \frac{\partial \varphi_\beta}{\partial \dot{q}_\sigma} \tag{4}$$

当非完整约束是线性时,方程(3)就是麦克米伦于 1936 年得到的方程.

麦克米伦方程的推导过程清楚地表明为什么第二类拉格朗日方程不能应用于非完整系统,因为方程(3)右端多出了第二项.

1950 年出版的周培源先生的著作《理论力学》中介绍了麦克米伦方程. 1961 年,Dohronravov 称麦克米伦方程为自然方程.

§4 沃尔泰拉方程

1898 年,意大利著名数学家沃尔泰拉建立了力学系统的一类运动微分方程,并提出了"运动学特性"的新概念. 这个新概念后来发展为"准速度"以及与之相关的"准坐标"的概念. 从 1951 年开始,人们对沃尔泰拉方程的推导过程是否正确,结论是否正确以及如何应用于非完整系统等问题,进行了激烈的讨论. 实际上,沃尔泰拉方程的结论是正确的,并可推广到非线性

恰普雷金定理

非完整系统.

设力学系统由 N 个质点组成,点的直角坐标为 $x_1, y_1, z_1, \cdots, x_N, y_N, z_N$;点的质量为 $M_1, \cdots, M_N$. 令 $\xi_1 = x_1, \xi_2 = y_1, \xi_3 = z_1, \cdots, \xi_{3N-2} = x_N, \xi_{3N-1} = y_N, \xi_{3N} = z_N$, $m_1 = m_2 = m_3 = M_1, \cdots, m_{3N-2} = m_{3N-1} = m_{3N} = M_N$, 作用于质点上的力为 $X_1, X_2, X_3, \cdots, X_{3N-2}, X_{3N-1}, X_{3N}$. 设系统受 l 个完整约束

$$F_\alpha(\xi_i, t) = 0 \quad (\alpha = 1, \cdots, l; i = 1, \cdots, 3N) \tag{1}$$

以及 g 个非线性非完整约束

$$f_\beta(\xi_i, \dot{\xi}_i, t) = 0 \quad (\beta = 1, \cdots, g) \tag{2}$$

限制. 将式(1)对时间 t 求导数并与式(2)联合,引入 $\varepsilon = 3N - l - g$ 个运动学特性 p_σ,使得

$$\dot{\xi}_i = \varphi_i(\xi_j, p_\sigma, t) \quad (i = j = 1, \cdots, 3N; \sigma = 1, \cdots, \varepsilon) \tag{3}$$

令 T 为用运动学特性表示的动能,即

$$T(\xi_i, p_\sigma, t) = \frac{1}{2} m_i \dot{\xi}_i^2 \big|_{\dot{\xi}_i = \varphi_i(\xi_i, p_\sigma, t)} \tag{4}$$

则有第一形式的广义沃尔泰拉方程

$$\frac{\mathrm{d}}{\mathrm{d}t} \frac{\partial T}{\partial p_\sigma} - m_i \dot{\xi}_i \frac{\mathrm{d}}{\mathrm{d}t} \frac{\partial \varphi_i}{\partial p_\sigma} = E_\sigma \tag{5}$$

以及第二形式的广义沃尔泰拉方程

$$\frac{\mathrm{d}}{\mathrm{d}t} \frac{\partial T}{\partial p_\sigma} - \frac{\partial T}{\partial \pi_\sigma} - m_i \dot{\xi}_i \left(\frac{\mathrm{d}}{\mathrm{d}t} \frac{\partial \varphi_i}{\partial p_\sigma} - \frac{\partial \varphi_i}{\partial \pi_\sigma} \right) = E_\sigma \tag{6}$$

其中

$$E_\sigma = X_i \frac{\partial \varphi_i}{\partial p_\sigma}, \quad \frac{\partial}{\partial \pi_\sigma} = \frac{\partial \varphi_i}{\partial p_\sigma} \frac{\partial}{\partial \xi_i} \tag{7}$$

如果取运动学特性 p_σ,使得

第2章 约束力学系统的欧拉-拉格朗日体系的方程及其研究进展

$$\dot{\xi}_i = \xi_{i\sigma}(\xi_j)p_\sigma \qquad (8)$$

那么方程(6)给出

$$\frac{\mathrm{d}}{\mathrm{d}t}\frac{\partial T}{\partial p_\sigma} - \frac{\partial T}{\partial \pi_\sigma} - m_i\dot{\xi}_i\left(\frac{\partial \xi_{i\sigma}}{\partial \xi_j}\xi_{j\nu} - \frac{\partial \xi_{i\nu}}{\partial \xi_j}\xi_{j\sigma}\right)p_\nu = E_\sigma \qquad (9)$$

这就是沃尔泰拉方程的第一种形式.

引入记号

$$b^{(r)}_{\sigma\nu} = m_i\xi_{ir}\frac{\partial \xi_{i\sigma}}{\partial \xi_j}\xi_{j\nu} \qquad (10)$$

则方程(9)可表示为

$$\frac{\mathrm{d}}{\mathrm{d}t}\frac{\partial T}{\partial p_\sigma} - \frac{\partial T}{\partial \pi_\sigma} (b^{(r)}_{\sigma\nu} - b^{(r)}_{\nu\sigma})p_r p_\nu = E_\sigma \qquad (11)$$

这就是沃尔泰拉方程的第二种形式.

令

$$a^{(u)}_{\sigma\nu} = e_{hu}(b^{(h)}_{\sigma\nu} - b^{(h)}_{\nu\sigma})$$

$$e_{hu}E_{ur} = \begin{cases} 1, h=r \\ 0, h\neq r \end{cases} \qquad (12)$$

$$E_{ur} = m_i\xi_{iu}\xi_{ir}$$

则方程(11)可表示为

$$\frac{\mathrm{d}}{\mathrm{d}t}\frac{\partial T}{\partial p_\sigma} - \frac{\partial T}{\partial \pi_\sigma} = a^{(u)}_{\sigma r}\frac{\partial T}{\partial p_u}p_r + E_\sigma \qquad (13)$$

这就是沃尔泰拉方程的第三种形式,即原来的沃尔泰拉方程.

第一种形式的广义沃尔泰拉方程(5)在记号(10)下可写成

$$\frac{\mathrm{d}}{\mathrm{d}t}\frac{\partial T}{\partial p_\sigma} - b^{(r)}_{\sigma\nu}p_\nu p_r = E_\sigma \qquad (14)$$

这就是沃尔泰拉方程的第四种形式.

方程(9),(11),(13),(14)是沃尔泰拉方程的四种等价形式,它们都是正确的.

注意到,沃尔泰拉方程中没有出现广义坐标,它适合由直角坐标向准坐标直接过渡.当沃尔泰拉方程向准坐标过渡时,就变成了准坐标下的广义恰普雷金方程.

§5　恰普雷金方程

1886年,诺伊曼在研究有任意位形的重纲体沿固定水平面做无滑动滚动问题时,应用了第二类拉格朗日方程.1895年,林德勒夫用类似方法解有回转面重纲体沿固定水平面的滚动问题.诺伊曼和林德勒夫认为在组成纲体动能表达式时已经考虑了非完整约束,而错误地认为他们已经排除了非完整性,因此可将纲体的运动方程写成第二类拉格朗日方程的形式.自然,用这种方法所得到的方程非常简单.阿佩尔看到林德勒夫的结果,并将其作为第二类拉格朗日方程的应用例子写在他的著名教材《理性力学》中,直到1898年阿佩尔才发现自己的疏忽.恰普雷金在1895年就已经发现诺伊曼的错误,并在1897年导出了正确的方程,即恰普雷金方程.恰普雷金方程适合约束是线性齐次定常的,力是保守的,且有循环坐标的非完整系统.恰普雷金方程的发展沿两个方向:一个是将线性约束系统推广到非线性非完整约束系统,另一个是将广义坐

标的形式推广到准坐标的形式.

设系统的位形由 n 个广义坐标 $q_s(s=1,\cdots,n)$ 来确定,其运动受 g 个切塔耶夫型非完整约束,则系统的运动微分方程有形式

$$E_\sigma(\tilde{T}) - \frac{\partial T}{\partial \dot{q}_{\varepsilon+\beta}} E_\sigma(\varphi_\beta) - \frac{\partial T}{\partial q_{\varepsilon+\beta}} \frac{\partial \varphi_\beta}{\partial \dot{q}_\sigma} = \tilde{Q}_\sigma \quad (\sigma=1,\cdots,\varepsilon)$$

(1)

或者

$$E_\sigma(\tilde{T}) - \frac{\partial T}{\partial \dot{q}_{\varepsilon+\beta}}\left\{E_\sigma(\varphi_\beta) - \frac{\partial \varphi_\beta}{\partial q_{\varepsilon+\beta}} \frac{\partial \varphi_\gamma}{\partial \dot{q}_\sigma}\right\} - \frac{\partial \tilde{T}}{\partial q_{\varepsilon+\beta}} \frac{\partial \varphi_\beta}{\partial \dot{q}_\nu} = \tilde{Q}_\sigma$$

(2)

方程(1),(2)称为广义坐标下的广义恰普雷金方程.

若约束是线性齐次定常的,广义力是有势的,且有循环坐标,则方程(1)或(2)成为恰普雷金原来的方程

$$E_\sigma(\tilde{T}) - \frac{\partial U}{\partial q_\sigma} + \frac{\partial T}{\partial \dot{q}_{\varepsilon+\beta}}\left(\frac{\partial B_{\varepsilon+\beta,\nu}}{\partial q_\sigma} - \frac{\partial B_{\varepsilon+\beta,\sigma}}{\partial q_\nu}\right)\dot{q}_\nu = 0 \quad (3)$$

而约束方程为

$$\dot{q}_{\varepsilon+\beta} = B_{\varepsilon+\beta,\sigma}(q_\nu)\dot{q}_\sigma \quad (4)$$

对于一般线性非完整约束系统,方程(1)或(2)给出 Voronets 方程.

广义恰普雷金方程还可在准坐标下表示出来.恰普雷金方程也可被推广到高阶非完整系统中.

注意到,恰普雷金方程(3)中不含坐标 $q_{\varepsilon+\beta}$ 及其导数,因此可独立于约束方程(4)来进行求解.换言之,已经自动地实现了约化.对广义恰普雷金系统也可进行约化.

恰普雷金定理

恰普雷金在非完整力学方面仅发表了4篇论文,但都是原创性的.恰普雷金是非完整力学的奠基人之一.

§6 玻尔兹曼-哈梅尔方程

玻尔兹曼-哈梅尔方程,也称欧拉-拉格朗日方程,它不同于欧拉方程的地方在于引进准速度代替广义速度,这几乎同时由玻尔兹曼和哈梅尔得到.

设力学系统的位形由 n 个广义坐标 $q_s(s=1,\cdots,n)$ 来确定,它的运动受 g 个线性非完整约束系统约束

$$a_{\varepsilon+\beta,s}\dot{q}_s + a_{\varepsilon+\beta,n+1} = 0 \quad (\beta = 1,\cdots,g) \tag{1}$$

取准速度为

$$\omega_{\varepsilon+\beta} = a_{\varepsilon+\beta,s}\dot{q}_s + a_{\varepsilon+\beta,n+1}, \omega_\sigma = a_{\sigma s}\dot{q}_s + a_{\sigma,n+1} \tag{2}$$

则广义速度可表示为

$$\dot{q}_s = b_{sk}\omega_k + b_{s,n+1} \tag{3}$$

玻尔兹曼-哈梅尔方程有形式

$$\frac{\mathrm{d}}{\mathrm{d}t}\frac{\partial T^*}{\partial \omega_\sigma} - \frac{\partial T^*}{\partial \pi_\sigma} + \gamma^r_{\nu\sigma}\frac{\partial T^*}{\partial \omega_r}\omega_\nu + \varepsilon^r_\sigma\frac{\partial T^*}{\partial \omega_r} = P^*_\sigma \tag{4}$$

$$(\sigma,\nu = 1,\cdots,\varepsilon; r = 1,\cdots,n)$$

其中 T^* 为用准速度表示的动能

$$T^*(q_s,\omega_s,t) = T(q_s,b_{sk}\omega_k + b_{s,n+1},t) \tag{5}$$

而

$$\gamma^r_{\nu\sigma} = \left(\frac{\partial a_{rk}}{\partial q_l} - \frac{\partial a_{rl}}{\partial q_k}\right)b_{l\nu}b_{k\sigma}$$

$$\varepsilon_\sigma^r = \left(\frac{\partial a_{rk}}{\partial q_l} - \frac{\partial a_{rl}}{\partial q_k}\right) b_{l,n+1} b_{k\sigma} + \left(\frac{\partial a_{rk}}{\partial t} - \frac{\partial a_{r,n+1}}{\partial q_k}\right) b_{k\sigma} \quad (6)$$

$$P_\sigma^* = Q_s b_{s\sigma}$$

运动微分方程(4)连同约束方程(1)组成$2n-g$个方程,可用来求$2n-g$个未知量$\omega_1,\cdots,\omega_\sigma,q_1,\cdots,q_n$. 值得注意的是,仅在求出$T^*$对$\omega_r$的偏导数之后才能考虑约束方程. 动能在准速度下表达,往往比在广义速度下表达来得简单. 应用玻尔兹曼-哈梅尔方程的主要困难在于计算记号$\gamma_{\nu\sigma}^r$和ε_σ^r. 玻尔兹曼-哈梅尔方程对完整系统和非完整系统,双面约束系统和单面约束系统有统一的形式.

玻尔兹曼-哈梅尔方程也可推广到非线性完整系统、高阶系统、相对论性系统等中.

董光昌论恰普雷金方程

§1 恰普雷金方程的唯一性定理（Ⅰ）

（浙江大学）董光昌教授早在1955年就考虑了下列混合型方程的唯一性问题

$$K(y)u_{xx} + u_{yy} = 0$$

$$(K(0)=0；当 y\neq 0 \text{ 时}, \frac{\mathrm{d}K}{\mathrm{d}y}>0)\quad(1)$$

如图 1 所示，所考虑的区域 D 由三条曲线围成. 其中一条曲线是双曲区域（$y<0$）中由原点引出的特征线 Γ_1，它满足下面的条件

$$\mathrm{d}y = -(-K)^{-\frac{1}{2}}\mathrm{d}x \quad (2)$$

另一条曲线是双曲区域中过 $A(1,0)$ 的 Γ_2，它满足下面的条件

$$0\leqslant \mathrm{d}y \leqslant (-K)^{-\frac{1}{2}}\mathrm{d}x \quad (3)$$

由式(3)可见，Γ_2 是单调曲线且只交 Γ_1 于一点 B；最后一条曲线是椭圆区域（$y>0$）中由 $A(1,0)$ 起到原点止的曲线

Γ_3. 假设 Γ_2, Γ_3 都连续且分段可微.

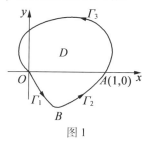

图 1

设式(1)在 D 内的解 $u = u(x,y)$ 满足下面几个条件

$$u = 0 \ (\text{在} \ \Gamma_2 + \Gamma_3 \ \text{上}) \tag{4}$$

又 u_x, u_y 在 D 的边界上除 O, A 两点外都连续. 在点 O 附近, 当 $P \in D, P \to O$ 时

$$u_x = O(\overline{OP}^\alpha), u_y = O(\overline{OP}^\alpha) \ (-1 < \alpha \leq 0) \tag{5}$$

当 $P \in D, P \to A$ 时

$$u_x = O(\overline{AP}^\beta), u_y = O(\overline{AP}^\beta) \ \left(-\frac{1}{2} < \beta \leq 0\right) \tag{6}$$

我们的唯一性问题是: 在什么条件下, 当式(1)的解 u 满足上面的限制时, 在 D 内 $u = 0$. 下面叙述本文的结果.

设连续且分段可微的函数 $B(x,y), C(x,y)$ 定义在 $y \geq 0$ 中, 适合下面 5 个式子

$$\text{当} \ 0 \leq x \leq 1 \ \text{时}, B = x, C = 0 \tag{7}$$

$$\text{当} \ y > 0 \ \text{时}, C \geq 0 \tag{8}$$

当 $P \in D, P \to O$ 时, $B = O(\overline{OP}), C = O(\overline{OP})$ (9)

当 $P \in D, P \to A$ 时, $B = O(1), C = O(\overline{AP})$ (10)

$$(B_y + KC_x)^2 \leq (B_x - C_y)[(CK)_y - KB_x] \tag{11}$$

恰普雷金定理

当 $y \geq 0$ 时,记 $\sqrt{K}C = C'$, $\int_0^y \sqrt{K}\,\mathrm{d}y = y$, 设 r, θ 是 x, y 的极坐标且 $0 \leq \theta \leq \pi$, 记

$$\min_{0 \leq r \leq +\infty} \frac{r}{\sqrt{B^2 + C'^2}} = h(\theta) \qquad (12)$$

$$\min_{y \geq 0}\left\{\frac{K_y C'}{2K} - \sqrt{(B_x - C'_y)^2 + (B_y + C'_x)^2}\right\} = m^{①} \qquad (13)$$

$$\begin{cases} \text{当} \int_0^\pi h(\theta)\,\mathrm{d}\theta < \ln(1+m)^{\frac{1}{m}②} \text{时},\text{设}\ \theta_0 = \pi \\ \text{否则设}\ \theta_0\ \text{由式子} \int_0^{\theta_0} h(\theta)\,\mathrm{d}\theta = \ln(1+m)^{\frac{1}{m}} \text{得出} \end{cases} \qquad (14)$$

记

$$\lim_{0 \leq \theta \leq \theta_0} h(\theta) = n \qquad (15)$$

定理 1 如果 Γ_3 在区域 $0 < \theta < \theta_0, 0 < r < \exp\frac{1}{n}\left\{\ln(1+m)^{\frac{1}{m}} - \int_0^\theta \sqrt{h^2(\theta) - n^2}\,\mathrm{d}\theta\right\}^{③}$ 内的部分, 满足条件

$$B\mathrm{d}y - C\mathrm{d}x \geq 0 \qquad (16)$$

时, 则唯一性定理成立.

特别地, $B = x, C = y$ 满足式 (7)~(11), 这时 $m = 0$. 故当 Γ_3 在区域 $0 < \theta < \theta_0, 0 < r < \exp\frac{1}{n}\left\{1 - \int_0^\theta \sqrt{h^2(\theta) - n^2}\,\mathrm{d}\theta\right\}$ 内的部分, 满足条件

---

① 由式(8)与式(11)可得出 $m \geq 0$, 见下面的式(37).
② 当 $m = 0$ 时, 由连续性定义得 $\ln(1+m)^{\frac{1}{m}} = 1$.
③ 当 $n = 0$ 时, 由连续性定义得出此式应该用 $0 < r < +\infty$ 去代替.

第3章 董光昌论恰普雷金方程

$xdy - ydx \geq 0$ 时,则唯一性定理成立.

这个特例是莫拉韦茨(Morawetz)的结果的改进.

另一特例. 当 $K(y) = y$ 时,式(1)叫作特里柯米(Tricomi)方程. 设 l 是常数且满足 $\frac{1}{2} \leq l \leq 1$,则 $B = x$,$C = ly$,满足式(7)~(11). 这时 $h(\theta) = (\cos^2\theta + \frac{9}{4}l^2\sin^2\theta)^{-\frac{1}{2}}$,$m = \frac{l}{2} - \left|\frac{3}{2}l - 1\right|$,$\theta_0$ 由式子 $\int_0^{\theta_0}(\cos^2\theta + \frac{9}{4}l^2\sin^2\theta)^{-\frac{1}{2}}d\theta = \ln(1 + m)^{\frac{1}{m}}$ 得出,$n = \min_{0 \leq \theta \leq \theta_0} h(\theta) \geq \min\left(1, \frac{2}{3l}\right)$. 故当 Γ_3 在区域 $0 < \theta < \theta_0$,$0 < r < \exp\frac{1}{n}\left\{\ln(1+m)^{\frac{1}{m}} - \int_0^\theta\left[\left(\cos^2\theta + \frac{9}{4}l^2\sin^2\theta\right)^{-1} - n^2\right]^{\frac{1}{2}}d\theta\right\}$ 内的部分,满足条件 $xdy - lydx \geq 0$ 时,则特里柯米方程的唯一性定理成立.

定理 2 如果 Γ_3 在 $y > 0$,$(x-1)^2 + Y^2 < 1$ $\left(Y = \int_0^y \sqrt{K}dy\right)$ 内的部分,满足条件

$$dy \geq 0 \qquad (17)$$

(Γ_3 的正向见图 1)时,则唯一性定理成立.

下面来谈证明:

由 $D, \Gamma_1, \Gamma_2, \Gamma_3$ 去掉以 O, A 为中心,δ 为半径的圆内部分分别记为 $D_\delta, \Gamma_{1\delta}, \Gamma_{2\delta}, \Gamma_{3\delta}$,补充两个小圆弧 $\Gamma_{O\delta}, \Gamma_{A\delta}$ 作为 D_δ 的边界,$\Gamma_{O\delta}$ 与 $\Gamma_{A\delta}$ 的交点记为 O_δ.

设 a 为常数,$b(x,y), c(x,y)$ 在 D_δ 中连续且分段可微,u 是式(1)在 D 内的解且满足式(4). 应用格林公式得

$$O = \iint_{D_\delta}(au + bu_x + cu_y)(Ku_{xx} + u_{yy})dxdy$$

恰普雷金定理

$$= \iint_{D_\delta} [(aKuu_x)_x - aKu_x^2 + (auu_y)_y - au_y^2 +$$
$$\frac{1}{2}(bKu_x^2)_x - \frac{1}{2}b_x Ku_x^2 + (bu_x u_y)_y - b_y u_x u_y -$$
$$\frac{1}{2}(bu_y^2)_x + \frac{1}{2}b_x u_y^2 + (cKu_x u_y)_x - \frac{1}{2}(cKu_x^2)_y +$$
$$\frac{1}{2}(cK)_y u_x^2 - c_x Ku_x u_y + \frac{1}{2}(cu_y^2)_y - \frac{1}{2}c_y u_y^2] dxdy$$
$$= -\frac{1}{2}\iint_{D_\delta}\{[2aK + Kb_x - (Kc)_y] u_x^2 +$$
$$2(Kc_x + b_y) u_x u_y + (2a + c_y - b_x) u_y^2\} dxdy +$$
$$\left\{\int_{\Gamma_{1\delta}} + \int_{\Gamma_{2\delta}+\Gamma_{3\delta}} + \int_{\Gamma_{O\delta}} + \int_{\Gamma_{A\delta}}\right\}[au(Ku_x dy - u_y dx) +$$
$$\left(\frac{1}{2}Kbu_x^2 - \frac{1}{2}bu_y^2 + Kcu_x u_y\right) dy +$$
$$\left(-bu_x u_y + \frac{1}{2}Kcu_x^2 - \frac{1}{2}cu_y^2\right) dx]$$
$$= I_1 + \{I_2 + I_3 + I_4 + I_5\} \qquad (18)$$

在特征线 $\Gamma_{1\delta}$ 上,由式(2)得 $dx = -\sqrt{-K} dy$,因而

$$u(Ku_x dy - u_y dx) = \frac{1}{2}\sqrt{-K} du^2$$
$$= \frac{1}{2}d(\sqrt{-K} u^2) + \frac{K_y u_y^2}{4K} dx$$

再注意到 $u(B)=0$ 得出

$$I_2 = -\frac{a}{2}\sqrt{-K} u^2(O_\delta) + \int_{\Gamma_{1\delta}} \frac{aK_y}{4K} u^2 dx -$$
$$\frac{1}{2}\int_{\Gamma_{1\delta}} \left(\frac{du}{dy}\right)^2 (cdx + bdy) \qquad (19)$$

在 $\Gamma_{2\delta} + \Gamma_{3\delta}$ 上,由式(4)得 $u = 0, u_x dx + u_y dy = 0$,

因此

$$I_3 = -\frac{1}{2}\int_{\varGamma_{2\delta}+\varGamma_{3\delta}}\left[K+\left(\frac{\mathrm{d}x}{\mathrm{d}y}\right)^2\right]u_x^2(c\mathrm{d}x-b\mathrm{d}y) \quad (20)$$

设 b,c 满足下列条件

当 $P\to O$ 时,$b=O(\overline{OP}),c=O(\overline{OP})$ (21)

当 $P\to A$ 时,$b=O(1),c=O(\overline{AP})$ (22)

由于 α 是常数,由式(5)与式(21)可见,I_4 的被积函数是 $O(\delta^\alpha)$,而积分路径的长度是 $O(\delta)$,故当 $\delta\to 0$ 时

$$I_4 = O(\delta^{1+\alpha}) = o(1) \quad (23)$$

同法,应用式(6)与式(22)得

$$I_5 = O(\delta^{1+2\beta}) = o(1) \quad (24)$$

综合式(18),(19),(20),(23),(24)得

$$\frac{1}{2}\iint_{D_\delta}\{[2aK+Kb_x-(Kc)_y]u_x^2+2(Kc_x+b_y)u_xu_y+$$

$$(2a+c_y-b_x)u_y^2\}\mathrm{d}x\mathrm{d}y+\frac{a}{2}\sqrt{-K}u^2(O_\delta)+$$

$$\frac{a}{4}\int_{\varGamma_{1\delta}}\frac{K_y}{-K}u^2\mathrm{d}x+\frac{1}{2}\int_{\varGamma_{1\delta}}\left(\frac{\mathrm{d}u}{\mathrm{d}y}\right)^2(c\mathrm{d}x+b\mathrm{d}y)+$$

$$\frac{1}{2}\int_{\varGamma_{2\delta}+\varGamma_{3\delta}}\left[K+\left(\frac{\mathrm{d}x}{\mathrm{d}y}\right)^2\right]u_x^2(c\mathrm{d}x-b\mathrm{d}y)=o(1) \quad (25)$$

令 $a=\dfrac{1}{2}$,选取 $b(x,y),c(x,y)$ 满足下列条件

$$K+Kb_x-(Kc)_y\geq 0, 1+c_y-b_x\geq 0 \quad (26)$$

$$(Kc_x+b_y)^2\leq [K+Kb_x-(Kc)_y](1+c_y-b_x) \quad (27)$$

在 $\varGamma_{1\delta}$ 上,$c\mathrm{d}x+b\mathrm{d}y\geq 0$ (28)

在 $\varGamma_{2\delta}+\varGamma_{3\delta}$ 上,$c\mathrm{d}x-b\mathrm{d}y\geq 0$ (29)

当 $y<0$ 时,$1+c_y-b_x>0$ (30)

恰普雷金定理

由式(26)~(29)与式(3)可见式(25)等号左端每项都不为负,因而每项都要等于$o(1)$. 由式(25)等号左端第三项为$o(1)$得$u=0$(在Γ_1上). 由式(25)等号左端第一项为$o(1)$,结合式(27),(30)得出,当$y<0$时,$u_y=0$. 由这两个结果与式(4)得出,当$y\leq 0$时,$u=0$. 再由最大模定理即得,当$y>0$时,$u=0$. 因此,问题归结为如何选择b,c使它适合式(21),(22)与式(26)~(30).

定理2的证明 选
$$c=0, b=\begin{cases} -x(y<0) \\ \sqrt{(x-1)^2+Y^2}-1(y\geq 0,(x-1)^2+Y^2<1) \\ 0(y\geq 0,(x-1)^2+Y^2\geq 1) \end{cases}$$

容易核验,在D_δ及其边界上,b连续且分段可微. 又当式(17)成立时,式(21),(22)与式(26)~(30)都成立,这就证明了定理2.

定理1的证明 记$\sqrt{K}c=c'$,经简单计算后,把(26),(27)化为

$$c'_Y-b_x\leq 1-\frac{K_Y c'}{2K}, b_x-c'_Y\leq \frac{K_Y c'}{2K} \tag{31}$$

$$(b_x-c'_Y)^2+(b_Y+c'_x)^2\leq \left(1-\frac{K_Y c'}{2K}\right)^2 \tag{32}$$

显而易见,式(31),(32)与式(32),(33)的效果是一样的

$$1-\frac{K_Y c'}{2K}\geq 0 \tag{33}$$

选取b,c如下
$$\begin{cases} 当 y\leq 0 时,选 b=-x, c=0 \\ 当 y>0 时,选 b=-Bv, c=-Cv, 其中 v 是待定函数 \end{cases} \tag{34}$$

第 3 章　董光昌论恰普雷金方程

设 v 满足下面的条件

$$当\ 0 \leq x \leq 1, y = 0\ 时, v = 1 \quad (35)$$
$$当\ y > 0\ 时, v \geq 0 \quad (36)$$
$$(B^2 + C'^2)(v_x^2 + v_Y^2) \leq (1 + mv)^2 \quad (37)$$

由式(7),(34),(35)可见,当 b, c 跨过蜕型线 $y = 0$ 时是连续的.

由式(8),(34),(36)可知 $c' = -\sqrt{K}Cv \leq 0$,因而式(33)成立. 现在要证明式(32)也成立. 因为式(11)可化为

$$(B_x - C'_Y)^2 + (B_Y + C'_x)^2 \leq \frac{K_y^2 C'^2}{4K^2}$$

由此式与式(13)以及 $C' = \sqrt{K}C \geq 0$ 得

$$(B_x - C'_Y)^2 + (B_y + C'_Y)^2 \leq \left(\frac{K_Y C'}{2K} - m\right)^2 \quad (38)$$

记

$$\xi = Bv_x - C'v_Y, \eta = Bv_Y + C'v_x, \zeta = 1 + mv$$
$$\lambda = (B_x - C'_Y)v, \mu = (B_Y + C'_x)v, \nu = \left(\frac{K_Y C'}{2K} - m\right)v$$

则式(32),(37),(38)分别化为

$$(\xi + \lambda)^2 + (\eta + \mu)^2 \leq (\zeta + \nu)^2 \quad (32')$$
$$\xi^2 + \eta^2 \leq \zeta^2 \quad (37')$$
$$\lambda^2 + \mu^2 \leq \nu^2 \quad (38')$$

由式(37'),(38')与 $\zeta \geq 0, \nu \geq 0$ 易得出式(32'),因而式(32)成立. 记

$$\ln(1 + mv)^{\frac{1}{m}} = w \quad (39)$$

则式(37)成为

$$(B^2 + C'^2)(w_x^2 + w_Y^2) = (B^2 + C'^2)\left(w_r^2 + \frac{1}{r^2}w_\theta^2\right) \leq 1 \quad (40)$$

由式(12)可见,当下式成立时,式(40)也成立

$$w_{\ln r}^2 + w_\theta^2 \leq h^2(\theta) \qquad (41)$$

v 的边界条件(35)化为 w 的边界条件

$$\text{当} 0 \leq r \leq 1, \theta = 0 \text{ 时}, w = \ln(1+m)^{\frac{1}{m}} \qquad (42)$$

用分离变量法求式(41)的特解,但要适于我们的要求,得到

$$w = \ln(1+m)^{\frac{1}{m}} - \int_0^\theta h(\theta) \mathrm{d}\theta \qquad (43)$$

$$w = \ln(1+m)^{\frac{1}{m}} - n\ln r - \int_0^\theta \sqrt{h^2(\theta) - n^2} \mathrm{d}\theta \qquad (44)$$

$$w = 0 \qquad (45)$$

当 $0 < \theta < \theta_0$, $-\infty < n\ln r < \int_0^\theta h^2(\theta) \mathrm{d}\theta - \int_0^\theta \sqrt{h^2(\theta) - n^2} \mathrm{d}\theta$ 时,w 满足式(43);当 $0 < \theta < \theta_0$, $\int_0^\theta h(\theta) \mathrm{d}\theta - \int_0^\theta \sqrt{h^2(\theta) - n^2} \mathrm{d}\theta < n\ln r < \ln(1+m)^{\frac{1}{m}} - \int_0^\theta \sqrt{h^2(\theta) - n^2} \mathrm{d}\theta$ 时,w 满足式(44);在上半平面的其他地方,w 满足式(45).

这样得出的 w 是连续且分段可微的,$w \geq 0$. 再由(39)得出 v,由式(34)得出 b, c. 不难核验,在式(9),(10),(16)成立的条件下,这样选取的 b, c 满足式(21),(22),与式(26)~(30),所以定理1得证.

参考文献

[1] CATHLEEN, MORAWETZ S. A Uniqueness Theorem for Frankl's Problem[J]. Communications on

第 3 章 董光昌论恰普雷金方程

Pure and Applied Mathematics,1954,44(7):697-703.

§2 恰普雷金方程的唯一性定理(Ⅱ)

考虑下列混合型方程的唯一性问题

$$K(y)u_{xx} + u_{yy} = 0$$

$$\left(K(0) = 0;当 y \neq 0 时, \frac{dK}{dy} > 0\right) \quad (1)$$

如图 1 所示,所考虑的区域 D 由三条曲线围成. 其中一条曲线是双曲区域中由原点引出的特征线 Γ_1,它满足下面的方程

$$dy = -(-K)^{-\frac{1}{2}}dx \quad (2)$$

另一条曲线是双曲区域中在 Γ_1 右边的曲线 Γ_2,它满足下面的限制

$$0 \leq dy \leq (-K)^{-\frac{1}{2}}dx \quad (3)$$

由式(3)可见,Γ_2 是一条单调曲线且只交 Γ_1 于一点;最后一条曲线是椭圆区域($y>0$)中由 Γ_2 与 x 轴的交点起到原点止的曲线 Γ_3. 假设 Γ_2,Γ_3 都是连续且分段可微[①]的.

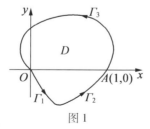

图 1

① 在具体情况下,此条件可以适当地减轻.

恰普雷金定理

我们的唯一性问题是:在 K,D,Γ_2,Γ_3 所满足什么条件时,式(1)的解 u 适当正规①且满足
$$u = 0 \; (\text{在}\; \Gamma_2 + \Gamma_3 \; \text{上}) \qquad (4)$$
则在 D 内 $u = 0$.

设 a,b,c 是 x,y 的函数,在 D 内 a,a_x,a_y,b,c 都连续且分段可微. 设 u 是式(1)的解且满足式(4),应用格林公式得

$$\begin{aligned}
0 &= -2\iint_D (au + bu_x + cu_y)(Ku_{xx} + u_{yy})\mathrm{d}x\mathrm{d}y \\
&= \iint_D [-2(aKuu_x)_x + 2aKu_x^2 + (a_xKu^2)_x - a_{xx}Ku^2 - \\
&\quad 2(auu_y)_y + 2au_y^2 + (a_y u^2)_y - a_{yy}u^2 - (bKu_x^2)_x + \\
&\quad b_x Ku_x^2 - 2(bu_x u_y)_y + 2b_y u_x u_y + (bu_y^2)_x - b_x u_y^2 - \\
&\quad 2(cKu_x u_y)_x + (cKu_x^2)_y - (cK)_y u_x^2 + 2c_x Ku_x u_y - \\
&\quad (cu_y^2)_y + c_y u_y^2]\mathrm{d}x\mathrm{d}y \\
&= \iint_D \{[2aK + Kb_x - (Kc)_y]u_x^2 + 2(b_y + Kc_x)u_x u_y + \\
&\quad (2a + c_y - b_x)u_y^2 - (Ka_{xx} + a_{yy})u^2\}\mathrm{d}x\mathrm{d}y + \\
&\quad \oint [u^2(Ka_x\mathrm{d}y - a_y\mathrm{d}x) - 2au(Ku_x\mathrm{d}y - u_y\mathrm{d}x) - \\
&\quad b(Ku_x^2\mathrm{d}y - 2u_x u_y\mathrm{d}x - u_y^2\mathrm{d}y) - \\
&\quad c(Ku_x^2\mathrm{d}x + 2Ku_x u_y\mathrm{d}y - u_y^2\mathrm{d}x)] \\
&= I_1 + I_2 \qquad (5)
\end{aligned}$$

在 $\Gamma_2 + \Gamma_3$ 上由式(4)得 $u = 0$, $\mathrm{d}u = u_x\mathrm{d}x + u_y\mathrm{d}y = 0$;在 Γ_1 上式(2)成立. 利用这三个关系式化简 I_2 得

---

① u 适当正规,使得下面讨论到的积分都存在,而且能够应用格林公式,在具体情况下,这些条件可以适当地减轻.

$$I_2 = \iint_{\Gamma_1}\Big[\sqrt{-K}(u^2\mathrm{d}a - a\mathrm{d}u^2) + \Big(\frac{\mathrm{d}u}{\mathrm{d}y}\Big)^2(c\mathrm{d}x + b\mathrm{d}y) +$$

$$\int_{\Gamma_2+\Gamma_3} u_x^2\Big[K\Big(\frac{\mathrm{d}y}{\mathrm{d}x}\Big)^2 + 1\Big](c\mathrm{d}x - b\mathrm{d}y)\Big] \quad (6)$$

设 p,q,r 是 x,y 的连续且分段可微的函数,由格林公式得

$$\iint_D\Big[\frac{\partial}{\partial x}(pu^2) + \frac{\partial}{\partial y}(qu^2)\Big]\mathrm{d}x\mathrm{d}y +$$

$$\oint[u^2(q\mathrm{d}x - p\mathrm{d}y) + \mathrm{d}(ru^2)] = 0 \quad (7)$$

把式(5)与式(7)相加,并将式(6)代入,再注意到式(7)的线积分部分因式(4)而化为 $\oint = \int_{\Gamma_1}$,得到

$$\iint_D\{[2aK + Kb_x - (Kc)_y]u_x^2 + 2(b_y + Kc_x)u_xu_y +$$

$$(2a + c_y - b_x)u_y^2 + 2puu_x + 2quu_y +$$

$$(p_x + q_y - Ka_{xx} - a_{yy})u^2\}\mathrm{d}x\mathrm{d}y +$$

$$\int_{\Gamma_1}\Big[\Big(\frac{\mathrm{d}u}{\mathrm{d}y}\Big)^2(c\mathrm{d}x + b\mathrm{d}y) + 2(r - a\sqrt{-K})u\frac{\mathrm{d}u}{\mathrm{d}y}\mathrm{d}y +$$

$$u^2(\mathrm{d}r + \sqrt{-K}\mathrm{d}a + q\mathrm{d}x - p\mathrm{d}y)\Big] +$$

$$\int_{\Gamma_2+\Gamma_3}\Big[K\Big(\frac{\mathrm{d}y}{\mathrm{d}x}\Big)^2 + 1\Big](c\mathrm{d}x - b\mathrm{d}y) = 0 \quad (8)$$

我们应该适当地选取 a,b,c,p,q,r 使得对于任何实数 α,β,γ,下面三式成立

$$[2aK + Kb_x - (Kc)_y]\alpha^2 + 2(b_y + Kc_x)\alpha\beta +$$

$$(2a + c_y - b_x)\beta^2 + 2p\alpha\gamma + 2q\beta\gamma +$$

$$(p_x + q_y - Ka_{xx} - a_{yy})\gamma^2 \geqslant 0(\text{在 } D \text{ 内}) \quad (9)$$

$$(c\mathrm{d}x + b\mathrm{d}y)\alpha^2 + 2(r - a\sqrt{-K})\alpha\beta\mathrm{d}y +$$

恰普雷金定理

$$\beta^2(\mathrm{d}r + \sqrt{-K}\mathrm{d}a + q\mathrm{d}x - p\mathrm{d}y) \geq 0 (在 \Gamma_1 上) \tag{10}$$

$$\left[K\left(\frac{\mathrm{d}y}{\mathrm{d}x}\right)^2 + 1\right](c\mathrm{d}x - b\mathrm{d}y) \geq 0 (在 \Gamma_2 + \Gamma_3 上) \tag{11}$$

由此,式(8)中3个被积函数都为正,因而每个积分必须为零,再稍微加一些条件,就易于导出 u 在 D 内为零的结论了.

当 $y<0$ 时,使式(9)成立的必要条件 $2aK + Kb_x - (Kc)_y \geq 0, 2a + c_y - b_x \geq 0, (b_y + Kc_x)^2 \leq [2aK + Kb_x - (Kc)_y](2a + c_y - b_x)$ 经过变换 $Y = \int_0^y \sqrt{-K}\mathrm{d}y, C = \sqrt{-K}c$,依次化为

$$C_Y - b_x \geq \frac{K_Y C}{2K} - 2a$$

$$C_y - b_x \geq 2a - \frac{K_Y C}{2K} \tag{12}$$

$$(C_Y - b_x)^2 - (b_Y - c_x)^2 \geq 2a - \frac{K_Y C}{2K} \tag{13}$$

显然式(12),(13)与式(13),(14)等价,则

$$C_Y - b_x \geq 0 \tag{14}$$

记

$$C + b = \lambda, C - b = \mu \tag{15}$$

$$Y + x = \xi, Y - x = \eta \tag{16}$$

则 ξ, η 是特征变量,其正向如图 2 所示. 式(13),(14) 化为

$$\mu_\xi \lambda_\eta \geq \left(a - \frac{K_Y C}{4K}\right)^2 \tag{17}$$

第3章 董光昌论恰普雷金方程

$$\mu_\xi + \lambda_\eta \geqslant 0 \tag{18}$$

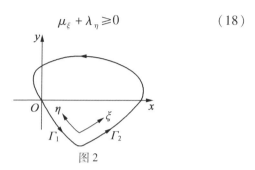

图 2

由式(17)可见,式(18)与下式等价

$$\lambda_\eta \geqslant 0, \mu_\xi \geqslant 0 \tag{19}$$

使式(10)成立的必要条件 $cdx + bdy = 0$ 由式(15),(16)化为

$$\mu \geqslant 0 (在 \Gamma_1 上) \tag{20}$$

在 Γ_2 上式(11)化为

$$\left[K\left(\frac{dy}{dx}\right)^2 + 1 \right](\mu d\xi - \lambda d\eta) \geqslant 0 \tag{21}$$

考虑椭圆区域边界 Γ_3 任意的情况. 在式(11)中,当 $y > 0$ 时 $K\left(\frac{dy}{dx}\right)^2 + 1 > 0$,又因 Γ_3 可以任意,故 dx, dy 大小任意,必须有

$$b = c = 0 (当 y > 0 时成立) \tag{22}$$

由 b, c 的连续性得到 $b = c = 0$(在 x 轴上),因此

$$\lambda = \mu = 0 (在 x 轴上) \tag{23}$$

由式(19),(20),(23)可见,在如图3所示的区域 D_1 中(虚线表示特征线)必有

$$\mu = 0 \tag{24}$$

恰普雷金定理

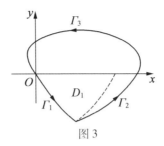

图3

由式(19),(23)得
$$\lambda \leq 0, \mu \leq 0(当 y<0 时成立) \quad (25)$$

如果 Γ_2 不完全由特征线组成,不是特征线的部分中最靠近 Γ_1 的一段设为 $\overset{\frown}{AB}$,则在 $\overset{\frown}{AB}$ 上式(3)成为 $0 \leq dy < (-K)^{-\frac{1}{2}}dx$,即 $0 \leq dY < dx$,由式(16)得 $d\xi > 0, d\eta > 0$. 由这两个式子与式(25)可见,要使式(21)在 $\overset{\frown}{AB}$ 上成立,必须
$$\lambda = \mu = 0(在 \overset{\frown}{AB} 上) \quad (26)$$

由式(19),(23),(26)可见,在如图4(a)所示的区域 D_2 中(虚线表示特征线),必有
$$\lambda = 0 \quad (27)$$

D_1 与 D_2 有一公共区域 D_3 如图4(b)所示. 在 D_3 中 $\lambda = \mu = 0$,即 $b = c = 0$,再将其代入式(13)得 $a = 0$. 既然在 D_3 中 $a = b = c = 0$,因而用另一函数替代 u(在 D_3 中)对式(5)不产生影响. 换言之,我们不可能得到"u 是唯一"的结论.

当 Γ_2 完全是特征线时,由式(24)可见,当 $y \leq 0$ 时,$\mu = 0$ 总是成立的,即 $b = C = \sqrt{-K}c$. 把 $\mu = 0$ 代入式(17)得 $a = \dfrac{K_y C}{4K}$.

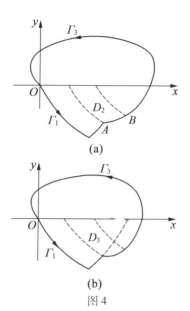

图 4

综合上面讨论,得出结果如下:

如果 Γ_2 不完全由特征线组成(叫作弗兰克尔(Франкль)问题),则当 Γ_3 是任意时,用本文的能量积分法不能得出"u 是唯一"的结论. 如果 Γ_2 完全由特征线组成(叫特里柯米问题),则当 Γ_3 是任意时,在 $y \leqslant 0$ 的部分,必须选

$$c = \frac{4Ka}{K_y}, b = \frac{4K\sqrt{-K}a}{K_y} \quad (28)$$

由于能量积分法是讨论唯一性问题强有力的方法,因而我们可以推测,"费兰克尔问题要有唯一性,Γ_3 必须满足适当的条件."

如果上述推测为真,则混合型方程在椭圆区域中的边界与普通椭圆型方程的边界性质有所不同,前者需要满足一些条件才可使唯一性定理成立,而后者则

恰普雷金定理

不需要满足任何条件就可使唯一性定理成立.

下面限于考虑 Γ_2 是特征线(特里柯米问题)而 Γ_3 可以任意的情况. 这时在 Γ_2 上 $K\left(\dfrac{dy}{dx}\right)^2 + 1 = 0$, 在 Γ_3 上 $b = c = 0$, 因而式(11)总是成立的.

把式(22)代入式(9)得

$$2aK\alpha^2 + 2a\beta^2 + 2p\alpha\gamma + 2q\beta\gamma + (p_x + q_y - Ka_{xx} - a_{yy})\gamma^2 \geq 0 (D_{\text{上}}) \quad (29)$$

如果 $a < 0$, 则式(29)当 $\gamma = 0$ 时不能成立. 如果在 $D_{\text{上}}$ 中有一区域使 $a = 0$, 则在这区域内 $a = b = c = 0$, 因而不能得出"u 是唯一"的结论, 所以假设

$$a > 0 (D_{\text{上}}) \quad (30)$$

把式(29)乘以 $2a$ 并配方成为 $K(2a\alpha + p\gamma)^2 + (2a\beta + q\gamma)^2 + \gamma^2\left(p_x + q_y - Ka_{xx} - a_{yy} - \dfrac{p^2 + q^2}{2a}\right) \geq 0$, 因而式(29)成立的条件是

$$p_x + q_y - Ka_{xx} - a_{yy} - \dfrac{p^2 + q^2}{2a} \geq 0 (D_{\text{上}}) \quad (31)$$

在 $D_{\text{下}}$ 中, 把式(28)代入式(9)得

$$2a + \left[\left(\dfrac{4aK}{K_y}\right)_y - \left(\dfrac{4aK\sqrt{-K}}{K_y}\right)_x\right](\sqrt{-K}\alpha + \beta)^2 + 2p\alpha\gamma + 2q\beta\gamma + (p_x + q_y - Ka_{xx} - a_{yy})\gamma^2 \geq 0 \quad (32)$$

由于 α, β, γ 是任意实数, 要使式(32)成立必须选

$$p = \sqrt{-K}q (D_{\text{下}}) \quad (33)$$

由此式(32)与下面的式子等价

$$2a + \left(\dfrac{4aK}{K_y}\right)_y - \left(\dfrac{4aK\sqrt{-K}}{K_y}\right)_x \geq 0 \quad (34)$$

$$q^2 \leq \left[2a + \left(\dfrac{4aK}{K_y}\right)_y - \left(\dfrac{4aK\sqrt{-K}}{K_y}\right)_x\right] \cdot$$

第 3 章 董光昌论恰普雷金方程

$$(\sqrt{-K}q_x + q_y - Ka_{xx} - a_{yy}) \qquad (35)$$

当式(34)与式(35)左端为零时

$$\sqrt{-K}q_x + q_y - Ka_{xx} - a_{yy} \geqslant 0 \qquad (36)$$

把式(28)代入式(10)有

$$2(r - a\sqrt{-K})\alpha\beta\mathrm{d}y + \beta^2(\mathrm{d}r + \sqrt{-K}\mathrm{d}a + q\mathrm{d}x - p\mathrm{d}y)$$
$$\geqslant 0(\text{在 } \Gamma_1 \text{ 上}) \qquad (37)$$

所以必须选

$$r = a\sqrt{-K}(\Gamma_1 \text{ 上}) \qquad (38)$$

把式(33),(38)代入式(37),得到

$$a_x\sqrt{-K} - a_y + \frac{aK_y}{-4K} + q \geqslant 0(\Gamma_1) \qquad (39)$$

记

$$1 + 2\left(\frac{K}{K_y}\right)_y = f(y) \qquad (40)$$

则式(34)成为

$$af + \frac{4K\sqrt{-K}}{K_y}a_\eta \geqslant 0(\eta \text{ 的定义见式}(16)) \qquad (41)$$

由于式(30),我们假设

$$a > 0(\text{在 } x \text{ 轴上}) \qquad (42)$$

如图 5 所示,如果在 D_F 的某一区域中,a 为零或负数,过这样的一点 M 引 ξ = 常数(ξ 的定义见式(16))的特征线交 x 轴于 N_0,则 $a(N) > 0, a(M) \leqslant 0$. 在 $\widehat{MN}$ 上 $a \leqslant 0$ 的点集中最靠近 N 的一点设为 $M_0(\xi_0, \eta_0)$,则 $a(M_0) = 0$;当 $\eta > \eta_0$ 时 $a(\xi_0, \eta) > 0$. 设 a 在 M_0 附近很正规,$a = (\eta - \eta_0)^n \bar{a}(\bar{a}$ 连续可微,$\bar{a}(M_0) \neq$

恰普雷金定理

$0, n \geqslant 1$①). 因为当 $\eta > \eta_0$ 时 $a > 0$, 所以 $\overline{a}(M_0) > 0$. 把 a 的表示式代入式 (41) 并化简得

$$\left(\overline{af} + \overline{a_\eta} \frac{4K}{K_y} \sqrt{-K}\right)(\eta - \eta_0) + \overline{an} \frac{4K}{K_y} \sqrt{-K} \geqslant 0$$

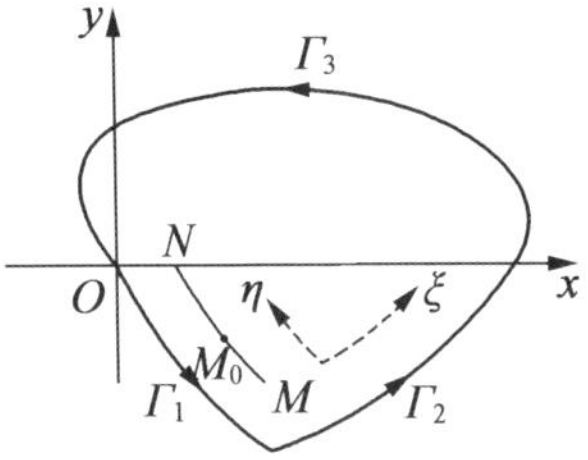

图 5

上式在点 M_0 处不能成立, 因此我们应该假设

$$a > 0 (D_下) \tag{43}$$

由式 (30), (42), (43) 可记 $\ln a = A$, $\dfrac{q}{a} = Q$, $\dfrac{p}{a} = P$. 在 $D_下$ 中记

$$w = 1 + \frac{-4K}{K_y}(Q + A_x \sqrt{-K} - A_y) \tag{44}$$

则式 (31), (34), (35), (36), (39) 分别化为

$$2\sqrt{K}(P - \sqrt{K}A_x)_x + 2(Q - A_y)_y$$
$$\geqslant (p - \sqrt{K}A_x)^2 + (Q - A_y)^2 + KA_x^2 + A_y^2 (D_上) \tag{45}$$

$$2f + \frac{-4K}{K_y}(A_x \sqrt{-K} - A_y) \geqslant 0 (D_下) \tag{46}$$

$$-w\left[2f + \frac{-4K}{K_y}(A_x \sqrt{-K} + A_y)\right] +$$

---

① $n \geqslant 1$ 用来保证 a_η 的存在.

第 3 章 董光昌论恰普雷金方程

$$\frac{(w-1+2f)^2}{2f+\dfrac{-4K}{K_y}(A_x\sqrt{-K}-A_y)}$$

$$\leq (\sqrt{-K}w_x+w_y)\frac{-4K}{K_y}(D_下) \qquad (47)$$

当式(46)左端与 $w=1+2f$ 都为零时

$$(2-4f)A_y+\sqrt{-K}w_x+w_y\geq 0(D_下) \qquad (48)$$

$$w\geq 0(\varGamma_1) \qquad (49)$$

如图 6 所示，如果在 $D_下$ 中有一点 M 使 $w(M)<0$，那么过 M 引 $\eta=$ 常数(η 的定义见式(16))的特征线交 $\varGamma_1$ 于 N，由式(49), $w(N)\geq 0$. 因而在 $\widehat{MN}$ 上必然有一点 $M_0(\xi_0,\eta_0)$ 使 $w(M_0)=0, w_\xi(M_0)\leq 0$. 在点 M_0 处式(47)不能成立，因为式(46)不等号左端第二项一般说来是一个正常数，而不等号右端的数值是 $w_\xi\dfrac{-8K\sqrt{-K}}{K_y}\leq 0$. 由此可见，应该假设

$$w\geq 0(D_下) \qquad (50)$$

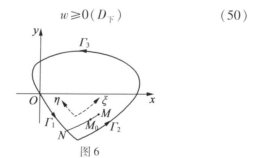

图 6

综合上面的讨论如下：$\varGamma_2$ 是特征线(特里柯米问题)而 $\varGamma_3$ 是任意曲线时，唯一性问题归结于能否找到 A,P,Q,w 适合式(45)～(48),(50)以及由此能否解出 a,q 并在 x 轴上满足联接条件.

由于式(45)不等号右端是 4 个平方和，根据经

恰普雷金定理

验,利用式(45)时往往要对区域 $D_\text{上}$ 的大小范围加以限制,因而利用式(45)的成果是比较小的.

不去利用式(45),我们假设
$$A = P = Q = 0(D_\text{上}), 即 a = 1, p = q = 0 \quad (51)$$

在 $D_\text{下}$ 中,式(46),(47),(50)也不易求解. 我们考虑特殊情形, A 与 w 都是 y 的函数,则式(46),(47)成为
$$2f + \frac{4K}{K_y}A_y \geq 0 \quad (52)$$

$$w\left(2f + \frac{4K}{K_y}A_y\right) + \frac{(w - 1 + 2f)^2}{2f + \frac{4K}{K_y}A_y} - 4fw \leq \frac{-4K}{K_y}w_y \quad (53)$$

由式(53)可见,最有利的情况是选 A_y 使得下式成立
$$2f + \frac{4K}{K_y}A_y = \frac{|w - 1 + 2f|}{\sqrt{w}} \quad (54)$$

在这种选取下,式(48)总是成立的. 因为当式(54)两端为零时,式(53)成为
$$\frac{-4K}{K_y}w_y \geq -4fw$$

由
$$(2 - 4f)A_y + w_y \geq (2 - 4f)\frac{K_y}{-4K}2f + \frac{K_y}{-4K}(-4fw)$$

$$= \frac{K_y f}{K}(-1 + 2f + w) = 0$$

记
$$\sqrt{w} = v \quad (55)$$

则 $v \geq 0$. 因为当 $v = 0$ 时,式(54)不能成立,所以假设
$$v > 0 \quad (56)$$

第3章 董光昌论恰普雷金方程

把式(54),(55)代入式(53)并化简得

$$\frac{-4K}{K_y}v_y \geq |v^2 - 1 + 2f| - 2vf \quad (57)$$

由式(44),(55),(56)可见 v 的原始条件是

$$v(0) = 1 \quad (58)$$

反之,如果能找到满足式(56),(57),(58)的连续解 v,还不一定能得出 a, q,这是由于当 $y = 0$ 时,在式(44)与式(45)中 K, K_y, f 会发生复杂的变化.

把 Γ_1 与 Γ_2 交点的纵坐标记为 y_0. 设当 $y_0 \leq y < 0$ 时,$f(y)$ 是连续的,把在区间 $y_0 \leq y < 0$ 中满足 $f(y) < 0$ 的 y 的上界记为 $y_1$①,假设 $y_1 < 0$②. 选取

$$v(y) = 1 \quad (y_1 \leq y \leq 0) \quad (59)$$

这样选取的 v 满足式(57). 如果有满足式(56),(57),(59)的连续解 v(在 $y_0 \leq y \leq 0$ 中),则可由此得出 a, q. 因为,当 $y_1 \leq y \leq 0$ 时,由式(54)与式(44)得 $A_y = Q = 0$,结合式(51)得 $A = 0$,即 $a = 1, q = 0$;当 $y_0 \leq y \leq y_1$ 时,由式(54),(55)得 $A = \int_{y_1}^{y} \frac{K_y}{4K}\left(\frac{1}{v}|v^2 - 1 + 2f| - 2f\right)\mathrm{d}y$, $a = c^A$,由式(44)得 $Q = A_y + \frac{K_y}{-4K}(v^2 - 1), q = aQ$.

容易核验这样得出的 a, q 以及由式(22),(28),(33),(38),(51)得出的 a, b, c, p, q, r 在 x 轴上满足联接条件.

---

① 如果 $f \geq 0$ 总是成立的,则定义 $y_1 = y_0$.
② 可以证明这是一个轻微的限制,它成立的一个充分条件是函数 $\dfrac{\mathrm{d}\ln(-K)}{\mathrm{d}y}$ 在 $y = 0$ 附近并不振动无限次,证明从略.

恰普雷金定理

这时式(8)中 $D_上$ 的积分为零,成为 $2\iint_{D_上}(Ku_x^2+u_y^2)\mathrm{d}x\mathrm{d}y=0$,所以 $u_x=u_y=0(D_上)$,结合式(4)得到 $u=0$(在 $D_上$ 与 x 轴上成立),再由柯西问题解的唯一性得 $u=0(D_下)$. 因此唯一性定理成立的一个充分条件是在 $y_0\leqslant y\leqslant 0$ 时能够找到适合式(56),(57),(59)的连续解 v.

式(57)取等号时的解是(下式中 C,C' 是常数)

$$\begin{cases} v=1 \\ \dfrac{-4K}{K_y(v-1)}+y=C \end{cases}(v^2-1+2f\geqslant 0 \text{ 时}) \\ \begin{cases} \dfrac{-4K}{K_y(v+1)}-y=C' \\ v=-1 \end{cases}(v^2-1+2f\leqslant 0 \text{ 时}) \tag{60}$$

上面四组解中,最后一组对我们毫无用处. 又一、二两组解互相不能衔接,在 f 比较复杂的情况下,任意连续解是上面四组解按连续性互相衔接、互相交替. 在何时能有 $v>0$ 的连续解呢?这种条件一般是不存在的.

特别简单的情况(也是经常遇见的情况)是

$$\begin{cases} f\geqslant 0(y_1\leqslant y<0) \\ f\leqslant 0(y_0\leqslant y<y_1) \end{cases} \tag{61}$$

在这种情况下,$y\geqslant y_1$ 时总是用第一组解,即式(59);$y<y_1$ 时因式(57)不等号右端不为负,$v_y\geqslant 0$,因而 $v\leqslant v(y_1)=1,v^2-1+2f\leqslant 0$,所以总是用第三组解. 用 $v(y_1)=1$ 来确定 C',得出

$$\dfrac{-4K}{K_y(v+1)}-y=\dfrac{-2K(y_1)}{K_y(y_1)}-y_1 \tag{62}$$

要使得当 $y_0<y<y_1$ 时 $v>0$,必需 $v(y_0)\geqslant 0$,即

$$\frac{-2K(y_1)}{K_y(y_1)} - y_1 = \frac{-4K(y_0)}{K_y(y_0)(v(y_0)+1)} - y_0$$
$$\leqslant \frac{-4K(y_0)}{K_y(y_0)} - y_0$$

如果

$$\frac{-2K(y_1)}{K_y(y_1)} - y_1 \leqslant \frac{-4K(y_0)}{K_y(y_0)} - y_0 \qquad (63)$$

成立,则因 $\left(\dfrac{-4K}{K_y} - y\right)_y = -2(f-1) - 1 = -2f + 1 > 0$
(当 $y \leqslant y_1$ 时),所以

$$\frac{-4K}{K_y} - y > \frac{-4K(y_0)}{K_y(y_0)} - y_0 \geqslant \frac{-2K(y_1)}{K_y(y_1)} - y_1$$

故由式(62)得出的 v 在 $y_0 < y \leqslant y_1$ 时总是正的. 由此得到:

定理 1 当 f 满足式(61)时,式(63)是特里柯米问题唯一性定理成立的一个充分条件. 这个定理是弗兰克尔对下列结果的改进:"如果 $f \geqslant 0 (y_0 \leqslant y < 0)$,则唯一性定理成立."

如果 f 不满足式(61),要想用式(60)得出简单的唯一性条件是有困难的,但微分不等式(57)并不完全相当于式(60),所以仍可得出简单的条件. 记

$$\max_{y_0 \leqslant y \leqslant y_1} f(y) = \lambda \qquad (64)$$

由 y_1 的定义知道

$$\lambda \geqslant 0 \qquad (65)$$

定理 2[①] 特里柯米问题唯一性定理成立的充分条件是

---

① 定理 1 是定理 2 的特殊情形($\lambda = 0$ 时).

恰普雷金定理

$$\frac{1}{y_1 - y_0}\left[\frac{-2K(y_1)}{K_y(y_1)} - \frac{-4K(y_0)}{K_y(y_0)}\right] \leq \begin{cases} 1 - 2\lambda & (\lambda \leq 1) \\ 3 - 4\lambda & (\lambda > 1) \end{cases}$$

(66)

证明 作变换

$$\frac{-4K}{K_y(v+1)} = z \quad (y_0 \leq y \leq y_1)$$

(67)

则式(56)与下面两式

$$z > 0$$

(68)

$$z < \frac{-4K}{K_y}$$

(69)

等价. 式(57)变成下面两式

$$z_y \leq 1$$

(70)

$$4\frac{-4K}{K_y}z \geq 4fz^2 + (1 + z_y)\left(\frac{-4K}{K_y}\right)^2$$

(71)

由式(59)与式(57)可见下式应该成立

$$z(y_1) = \frac{-2K(y_1)}{K_y(y_1)}$$

(72)

把式(71)写成

$$4z\left(\frac{-4K}{K_y}\lambda - zf\right) + \frac{-4K}{K_y}\left[4(1-\lambda)z - (1+z_y)\frac{-4K}{K_y}\right] \geq 0$$

由式(64),(68),(69)可见上式中第一部分为正,因此只要式(68),(69)与下式成立,则式(71)也成立

$$4(1-\lambda)z - (1 + z_y)\frac{-4K}{K_y} \geq 0$$

(73)

定理的证明归结为能否找到 z 满足式(68),(69),(70),(72),(73). 记

$$m = \begin{cases} 1 - 2\lambda & (\lambda \leq 1) \\ \dfrac{1}{y_1 - y_0}\left[\dfrac{-2K(y_1)}{K_y(y_1)} - \dfrac{-4K(y_0)}{K_y(y_0)}\right] & (\lambda > 1) \end{cases}$$

(74)

第 3 章　董光昌论恰普雷金方程

设

$$z = m(y - y_1) + \frac{-2K(y_1)}{K_y(y_1)} \quad (y_0 \leqslant y \leqslant y_1) \quad (75)$$

显然式(72)成立. 由式(65),(66),(74),(75)得 $z_y = m \leqslant 1$, 即式(70)成立. 当 $\lambda > 1$ 时,由式(66)得 $m \leqslant 3 - 4\lambda < 0$, 所以

$$z = m(y - y_1) + \frac{-2K(y_1)}{K_y(y_1)} \geqslant \frac{-2K(y_1)}{K_y(y_1)} > 0$$

即式(68)成立. 当 $\lambda \leqslant 1$ 时,由式(40),(64),(65)得

$$\left(\frac{-2K}{K_y}\right)_y = 1 - f(y) \geqslant 1 - \lambda \geqslant 1 - 2\lambda = m$$

把上式积分

$$\frac{-2K(y_1)}{K_y(y_1)} - \frac{-2K}{K_y} \geqslant m(y_1 - y)$$

即

$$z = \frac{-2K(y_1)}{K_y(y_1)} + m(y - y_1) \geqslant \frac{-2K}{K_y} > 0$$

也就是说,式(68)成立. 由式(66),(74)得

$$\left(z - \frac{-4K}{K_y}\right)_y = m + 2f - 2 \leqslant m + 2\lambda - 2$$

$$\leqslant \begin{cases} -1 \; (\lambda \leqslant 0) \\ 1 - 2\lambda \; (\lambda > 1) \end{cases}$$

$$< 0$$

所以 $z - \frac{-4K}{K_y}$ 是减函数,又它在点 y_0 的数值容易算出为

$$\begin{cases} (y_1 - y_0)\left[\frac{1}{y_1 - y_0}\left(\frac{-2K(y_1)}{K_y(y_1)} - \frac{-4K(y_0)}{K_y(y_0)}\right) - m\right] \leqslant 0 \; (\lambda \leqslant 1) \\ 0 \; (\lambda > 1) \end{cases}$$

恰普雷金定理

因此证明了式(69)成立. 由式(66),(74)得到

$$1+m \leqslant \begin{cases} 2(1-\lambda) \geqslant 0 (\lambda \leqslant 1) \\ 2(1-\lambda) < 0 (\lambda > 1) \end{cases} \quad (76)$$

将式(73)不等号左端微分并应用式(76)与式(70)得

$$4(1-\lambda)m - (1+m)\left(\frac{-4K}{K_y}\right)_y$$
$$= 4(1-\lambda)m + (1+m)(2f-2)$$
$$\begin{cases} \leqslant 4(1-\lambda)m + (1+m)(2\lambda-2) = -2(1-\lambda)(1-m) \leqslant 0 (\lambda \leqslant 1) \\ \geqslant 4(1-\lambda)m + (1+m)(2\lambda-2) = 2(\lambda-1)(1-m) \geqslant 0 (\lambda > 1) \end{cases}$$

故当 $\lambda \leqslant 1$ 时, 式(73)不等号左端减少, 而在 y_1 处它的值是

$$\frac{-4K(y_1)}{K_y(y_1)}[2(1-\lambda)-(1+m)] = 0$$

故式(73)成立. 当 $\lambda > 1$ 时式(73)不等号左端是增函数, 在 y_0 处它的值是

$$\frac{-4K(y_0)}{K_y(y_0)}[4(1-\lambda)-(1+m)]$$
$$= \frac{-4K(y_0)}{K_y(y_0)}(3-4\lambda-m) \geqslant 0$$

因此在这种情况下式(73)也成立. 定理2证毕.

例 $\quad K = \dfrac{y}{1+y}$

则 $\quad \dfrac{K}{K_y} = y + y^2$

$$f = 1 + 2\left(\frac{K}{K_y}\right)_y = 3 + 4y$$

因此 $\quad y_1 = -\dfrac{3}{4}$

根据定理 1 算出,只要 $y_0 \geqslant -\dfrac{5+\sqrt{7}}{8} \approx -0.956$[①] 时,则唯一性定理成立.

上例中 y_0 应受的自然限制是 $y_0 > -1$,以保证 $K(y)$ 的连续性. 我们可以推测 $y_0 > -1$ 时,唯一性定理总是成立的,但定理 1 只能证明到 $y_0 \geqslant -0.956$,可见定理还有待进一步改进.

不过,纵然定理 1 改进得更好,它的意义还不是很大. 因为这种做法只限于比较狭窄的特里柯米问题($\varGamma_3$ 可以任意). 至于更广泛的弗兰克尔问题,则如上文所说,椭圆区域的边界 $\varGamma_3$ 大概是不能任意,而必须受一些限制.

参考文献

［1］ ФРАНКЛЬ Ф И. О эацачах С. А. Чаплыгина длн смешанных до и сверхэвуковых течений ［J］. Иэв, Акад Наук СССР, 1945（9）:121-143.

---

① y_0 要满足的另一个不等式为 $y_0 \leqslant \dfrac{-5+\sqrt{7}}{8}$,因 $\dfrac{-5+\sqrt{7}}{8} > y_1$ 而变为没有意义(因为当 $y_0 \leqslant y_1$ 时,我们总是取 $v(y) = 1$,见式(59)).

§3 恰普雷金方程的唯一性定理(Ⅲ)

考虑下面混合型方程的唯一性问题

$$K(y)u_{xx} + u_{yy} = 0$$

$$\left(K(0) = 0; 当 y \neq 0 时, \frac{dK}{dy} > 0\right) \quad (1)$$

如图 1 所示,所考虑的区域由三条曲线围成. 其中一条曲线是双曲区域中由原点引出的特征线 Γ_1,它满足下面的方程

$$dy = -\sqrt{-K}dx \quad (2)$$

另一条曲线是双曲区域中在 Γ_1 右边的特征线 Γ_2,它满足下面的方程

$$dy = \sqrt{-K}dx \quad (3)$$

Γ_2 与 x 轴的交点记为 $(x_0, 0)$,Γ_4 与 Γ_2 的交点记为 $\left(\dfrac{x_0}{2}, y_0\right)$. 最后一条曲线是椭圆区域($y > 0$)中由$(x_0, 0)$起到原点止的连续分段可微曲线 Γ_3.

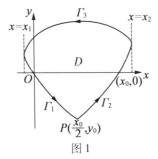

图 1

我们的唯一性问题是,在什么条件下,式(1)的解

第3章 董光昌论恰普雷金方程

u 适当正规且满足

$$u = 0 \ (在 \ \Gamma_2 + \Gamma_3 \ 上) \tag{4}$$

时,在 D 内 $u = 0$.

由于 Γ_2 是特征曲线,某些数学家把上面的唯一性(与存在性)问题叫作特里柯米问题.

设 a, b, c, p, q 都是 x, y 的函数,在 D 内以及 D 的边界上 a, a_x, a_y, b, c, p, q 都连续且分段可微. 作者在前文中研究了由能量积分

$$-2 \iint_D (au + bu_x + cu_y)(Ku_{xx} + u_{yy}) \mathrm{d}x\mathrm{d}y = 0$$

与零积分

$$\iint_D \left[\frac{\partial}{\partial x}(pu^2) + \frac{\partial}{\partial y}(qu^2) \right] \mathrm{d}x\mathrm{d}y + \oint u^2 (q\mathrm{d}x - p\mathrm{d}y) +$$

$$\int_{\Gamma_1} \mathrm{d}(a \sqrt{-K} u^2) = 0$$

之和来讨论唯一性问题,得出下列结论:选取

$$a > 0 \ (D) \tag{5}$$

$$b = c = 0 \ (D_上) \tag{6}$$

$$b = \frac{4K\sqrt{-K}}{K_y} a, \ c = \frac{4Ka}{K_y} ① \ (D_下) \tag{7}$$

$$p = \sqrt{-K} q \ (D_下) \tag{8}$$

记 $\ln a = A, \dfrac{p}{a} = P, \dfrac{q}{a} = Q$,在 $D_下$ 中记

---

① 由式(5),(6),(7)可见,要使得 b, c 在 D 内连续,必须假设当 $y = 0$ 时,$\dfrac{K}{K_y} = 0$. 以下的讨论都假定以上条件是成立的(事实上这是一个轻微的限制,只要假定 K 在 $y = 0$ 附近并不振动无限次,则以上条件可由 $K(0) = 0$ 与 $K'(0)$ 的存在性推出,证明从略).

恰普雷金定理

$$w = 1 + \frac{-4K}{K_y}(Q + A_x\sqrt{-K} - A_y) \quad (9)$$

$$1 + 2\left(\frac{K}{K_y}\right)_y = f(y) \quad (10)$$

则唯一性问题归结于能否找到 A, P, Q, w 满足下列四式以及由此能否解出 a, b, c, p, q 并满足上述的连续①与分段可微条件

$$2\sqrt{K}(P - \sqrt{K}A_x)_x + 2(Q - A_y)_y$$
$$\geqslant (P - \sqrt{K}A_x)^2 + (Q - A_y)^2 + KA_x^2 + A_y^2 \ (D_\text{上}) \quad (11)$$

$$2f + \frac{-4K}{K_y}(A_x\sqrt{-K} - A_y) \geqslant 0 \ (D_\text{下}) \quad (12)$$

$$-w\left[2f + \frac{-4K}{K_y}(A_x\sqrt{-K} + A_y)\right] +$$
$$\frac{(w - 1 + 2f)^2}{2f + \frac{-4K}{K_y}(A_x\sqrt{-K} - A_y)}$$
$$\leqslant (\sqrt{-K}w_x + w_y)\frac{-4K}{K_y}② \ (D_\text{下}) \quad (13)$$

$$w \geqslant 0 \ (D_\text{下}) \quad (14)$$

---

① 上述连续条件可以减弱，例如在区域 $D_\text{下}$ 中任何横线 $y = y_1 < 0$ 上，a_y, p, q 可以不连续，只要 a, a_x 与 w 连续就行了. 事实上，在这种情况下，式(8)等号右端应该添加一项 $\int [u^2(-a_y + q)]_{y=y_1-0}^{y=y_1-0} dx = \int \left\{u^2 a\left[(w-1)\frac{K_y}{-4K} - A_x\sqrt{-K}\right]\right\}_{y=y_1+0}^{y=y_1-0} dx = 0.$ 因此结论不受影响.

② 当 $w - 1 + 2f$ 与式(12)不等号左端都为零时，式子变为 $-w\left[2f + \frac{-4K}{K_y}(A_x\sqrt{-K} + A_y)\right] \leqslant (\sqrt{-K}w_x + w_y)\frac{-4K}{K_y}.$

第3章 董光昌论恰普雷金方程

记

$$\int_0^y \sqrt{-K}\, dy = Y(D_下) \qquad (15)$$

则 Γ_1 与 Γ_2 的方程化为 $x + Y = 0$ 与 $x_0 - x + Y = 0$，又 Γ_1 与 Γ_2 交点的纵坐标 $y = y_0$ 对应于 $Y = -\dfrac{x_0}{2}$. 设

$$A(x,y) = B(x,y) + C(y) + m(y)\left(x - \dfrac{x_0}{2}\right)(D_下)$$

$$(16)$$

记

$$\min_{-Y \leqslant x \leqslant x_0 + Y}(B_x - B_Y) = g(y)$$

$$\min_{-Y \leqslant x \leqslant x_0 + Y}(B_x + B_Y) = h(y)$$

$$\dfrac{g+h}{2} = l(y) \qquad (17)$$

并设 w 是 y 的函数，则式(12)与式(13)成立的充分条件是

$$\dfrac{K_y f}{2(-K)^{\frac{3}{2}}} + g + m - m_Y\left(x - \dfrac{x_0}{2}\right) - C_Y \geqslant 0 \qquad (18)$$

$$-2\left[\dfrac{K_y f}{2(-K)^{\frac{3}{2}}} + l + m\right] +$$

$$\dfrac{\left\{\left[\dfrac{K_y f}{2(-K)^{\frac{3}{2}}} + g + m - m_Y\left(x - \dfrac{x_0}{2}\right) - C_Y\right] + \dfrac{1}{w}\left[\dfrac{K_y}{4(-K)^{\frac{3}{2}}}(w - 1 + 2f)\right]^2\right\}}{\dfrac{K_y f}{2(-K)^{\frac{3}{2}}} + g + m - m_Y\left(x - \dfrac{x_0}{2}\right) - C_Y} \leqslant \dfrac{w_Y}{w} \qquad (19)$$

153

恰普雷金定理

应用式(18)可见,式(19)不等号左端花括弧内关于 x 的二阶偏导数不为负,因此花括弧内的最大值在 $x = -Y$ 或 $x = x_0 + Y$ 取到,最有利的情况是选择 C_Y 使得两端数值相等. 暂记

$$\frac{K_y f}{2(-K)^{\frac{3}{2}}} + g + m - C_Y = \alpha$$

$$\frac{1}{w}\left[\frac{K_y}{4(-K)^{\frac{3}{2}}}(w - 1 + 2f)\right]^2 = \beta$$

$$\alpha + m_Y\left(\frac{x_0}{2} + y\right) = \xi$$

$$\alpha - m_Y\left(\frac{x_0}{2} + Y\right) = \eta$$

则式(19)不等号左端花括弧内两端点的数值分别是 $\xi + \dfrac{\xi}{\beta}, \eta + \dfrac{\beta}{\eta}$,令其相等,即

$$\xi + \frac{\beta}{\xi} = \eta + \frac{\beta}{\eta} \text{ 或 } (\xi - \eta)\left(1 - \frac{\beta}{\xi\eta}\right) = 0 \text{ 或 } \xi\eta = \beta$$

即

$$\alpha^2 - m_Y^2\left(\frac{x_0}{2} + y\right)^2 = \beta$$

$$\alpha = \sqrt{m_Y^2\left(\frac{x_0}{2} + y\right)^2 + \beta}$$

故应选取 C 使得下式成立

$$\frac{K_y f}{2(-K)^{\frac{3}{2}}} + g + m - C_Y$$

$$= \sqrt{m_Y^2\left(\frac{x_0}{2} + Y\right)^2 + \frac{1}{w}\left[\frac{K_y}{4(-K)^{\frac{3}{2}}}(w - 1 + 2f)\right]^2}$$

(20)

又 $\xi + \dfrac{\beta}{\xi} = \xi + \eta = 2\alpha$，因此得到式(18)与式(19)成立的充分条件是①

$$\sqrt{m_Y^2\left(\dfrac{x_0}{2} + Y\right)^2 + \dfrac{1}{w}\left[\dfrac{K_y}{4(-K)^{\frac{3}{2}}}(w - 1 + 2f)\right]^2} -$$

$$\left[\dfrac{K_x f}{2(-K)^{\frac{3}{2}}} + l + m\right] \leqslant \dfrac{w_Y}{2w} \qquad (21)$$

在 $D_上$ 中，式(11)不等号右端是 4 个平方和. 根据经验，要利用它必须对区域 $D_上$ 的大小加以限制. 恰普雷金方程与实际密切结合的情况，区域 $D_上$ 在纵向不受限制或限制很轻微，而在横向的限制则较重. 由于这种情况，我们令

$$A_y = Q = 0(D_上) \qquad (22)$$

并记

$$\dfrac{P}{\sqrt{K}} - A_x = R \qquad (23)$$

则式(11)化为

$$2R_x \geqslant R^2 + A_x^2 \qquad (24)$$

下面叙述 A 与 R 的三种选法. 假设区域 $D_上$ 被限制在两条纵线 $x = x_1$ 与 $x = x_2$ 之间，则显然有 $x_1 \leqslant 0$，$x_2 \geqslant x_0$. 设 ε 是任给的正数.

第一种选法. 设 m_0 与 x_3 是待定常数，且 $m_0 \geqslant 0$. 在 $D_上$ 中选

---

① 还应该说明一下式(18)成立. 因 $\xi\eta = \beta$ 与 $\xi + \eta = 2\alpha$ 都为正，故 ξ, η 为正，则 $\alpha - m_y\left(x - \dfrac{x_0}{2}\right)$ 的数值在 ξ, η 之间，因此也为正，即式(18)总是成立的.

恰普雷金定理

$$A = \int_{\frac{x_0}{2}}^{x} A_x \mathrm{d}x \qquad (25)$$

其中

$$A_x = \begin{cases} 0\,(x_1 - \varepsilon \leqslant x \leqslant -\varepsilon) \\ m_0\left(1 + \dfrac{x}{\varepsilon}\right)(-\varepsilon \leqslant x \leqslant 0) \\ m_0\,(0 \leqslant x \leqslant x_0) \\ m_0\left(1 - \dfrac{x - x_0}{\varepsilon}\right)(x_0 \leqslant x \leqslant x_0 + \varepsilon) \\ 0\,(x_0 + \varepsilon \leqslant x \leqslant x_2 + \varepsilon) \end{cases} \qquad (26)$$

选取

$$R = \begin{cases} \dfrac{2}{x_1 - \varepsilon - x}(x_1 - \varepsilon \leqslant x \leqslant -\varepsilon) \\ m_0 \tan \dfrac{m_0}{2}(x - x_3)(-\varepsilon \leqslant x \leqslant x_0 + \varepsilon) \\ \dfrac{2}{x_2 + \varepsilon - x}(x_0 + \varepsilon \leqslant x \leqslant x_2 + \varepsilon) \end{cases} \qquad (27)$$

要使 R 成为连续函数,常数 m_0 与 x_3 必须满足下面诸式

$$-\frac{\pi}{2} < \frac{m_0}{2}(-\varepsilon - x_3) < \frac{m_0}{2}(x_0 + \varepsilon - x_3) < \frac{\pi}{2} \qquad (28)$$

$$\frac{2}{x_1} = m_0 \tan \frac{m_0}{2}(-\varepsilon - x_3)$$

$$\frac{2}{x_2 - x_0} = m_0 \tan \frac{m_0}{2}(x_0 + \varepsilon - x_3) \qquad (29)$$

式(29)改写为

$$\frac{m_0}{2}(x_3 + \varepsilon) = \arctan \frac{2}{-m_0 x_1}$$

$$\frac{m_0}{2}(x_0 + \varepsilon - x_3) = \arctan \frac{2}{m_0(x_2 - x_0)} \qquad (30)$$

消去 x_3 得到

$$\frac{m_0}{2}(x_0 + 2\varepsilon) = \arctan\frac{2}{-m_0 x_1} + \arctan\frac{2}{m_0(x_2 - x_0)} \tag{31}$$

上式等号左、右端分别是 m_0 的增函数与减函数. 当 $m_0 = +0$ 时,等号左端数值小于等号右端;当 $m_0 = \frac{2\pi}{x_0 + 2\varepsilon} - 0$ 时,等号左端数值大于或等于等号右端. 因此在区间 $0 \leqslant m_0 \leqslant \frac{2\pi}{x_0 + 2\varepsilon}$ 中可解出唯一的 m_0,代入式(30)得出 x_3,满足式(28)与式(29).

由上面选法可知, A, A_x, R 在 $D_上$ 中都连续,且满足式(24).

在 $D_上$ 的 $0 \leqslant x \leqslant x_0$ 部分内,由式(25)与式(26)得出 $A = m_0\left(x - \frac{x_0}{2}\right)$,把它写成式(16)的形式,应该是

$$B(x,y) = 0 \tag{32}$$
$$C(y) = 0 \tag{33}$$
$$m(y) = m_0 \tag{34}$$

引理 1 在 $D_下$ 中如能找到连续且分段可微的函数 $m(y), w(y)$①满足式(14)与下列三式

$$m(0) = m_0 \tag{35}$$
$$当 -\varepsilon \leqslant y \leqslant 0 时, w(y) = 1 \tag{36}$$

$$\sqrt{m_Y^2\left(\frac{x_0}{2} + Y\right)^2 + \frac{1}{w}\left[\frac{K_y}{4(-K)^{\frac{3}{2}}}(w - 1 + 2f)\right]^2} -$$

---

① 连续且分段可微指 $m(y)$ 与 $w(y)$ 当 $y_0 \leqslant y \leqslant 0$ 时连续,而且它们的导数只有有限个不连续点,且在导数的不连续点处左、右导数都存在.

恰普雷金定理

$$\left[\frac{K_y}{2(-K)^{\frac{3}{2}}}+m\right]\leqslant\frac{w_Y}{2w} \qquad (37)$$

则唯一性定理成立.

证明 在 $D_下$ 中选取

$$B(x,y)=0 \qquad (38)$$

则由式(17)得

$$g=h=l=0 \qquad (39)$$

由式(20)与式(39)可知,当 $y_0\leqslant y\leqslant 0$ 时,C_Y 分段连续. 因 $C_y=C_Y\sqrt{-K}$,$m_y=m_Y\sqrt{-K}$,由这两个式子与式(33),(34)可知当 $y=0$ 时,C_y,m_y 存在(其值为零). 由式(16),(20),(25),(26),(32),(33),(34),(38)可知 A 与 A_x 在 D 内及 D 的边界上连续,A_y 分段连续,A 可能有的不连续线只是 $D_下$ 中的一些横线. $a=e^A$ 的连续可微情况与 A 类似. 在 $D_下$ 中可由式(9)解出 Q,由式(36)可知,当 $-\varepsilon\leqslant y\leqslant 0$ 时,$Q=A_y-A_x\sqrt{-K}$,由此式与式(22)可知,Q 的不连续线与 A_y 相同. 由式(8)与式(23)可知,P 的不连续线也与 A_y 相同. 由式(6),(7)及其附注可知 b,c 在 D 内及 D 的边界上连续. 由 152 页的第 1 个注释可知 a,a_x,a_y,b,c,p,q 的连续与分段可微条件已经适合.

由式(14),(16),(21),(24),(37),(39)可知式(11)~(14)成立,由此得到唯一性定理成立的结论.

第二种选法. 设 λ,m_1 是两个非负的待定常数. 在 $D_上$ 中按式(25)选取 A,其中

第3章 董光昌论恰普雷金方程

$$A_x = \begin{cases} 0 \ (x_1 - \varepsilon \leq x \leq -\varepsilon) \\ \left(\dfrac{1}{\lambda + \varepsilon} + m_1\right)\left(1 + \dfrac{x}{\varepsilon}\right)(-\varepsilon \leq x \leq 0) \\ \dfrac{1}{x + \lambda + \varepsilon} + m_1 \ (0 \leq x \leq x_0) \\ \left(\dfrac{1}{x_0 + \lambda + \varepsilon} + m_1\right)\left(1 - \dfrac{x - x_0}{\varepsilon}\right)(x_0 \leq x \leq x_0 + \varepsilon) \\ 0 \ (x_0 + \varepsilon \leq x \leq x_2 + \varepsilon) \end{cases} \quad (40)$$

选取

$$R = \begin{cases} \dfrac{2}{x_1 - \varepsilon - x}(x_1 - \varepsilon \leq x \leq -\varepsilon) \\ \dfrac{-1}{x + \lambda + \varepsilon} + m_1 \tan\left[\dfrac{m_1}{2}(x + \varepsilon) + \dfrac{\pi}{4}\right](-\varepsilon \leq x \leq x_0 + \varepsilon) \\ \dfrac{2}{x_2 + \varepsilon - x}(x_0 + \varepsilon \leq x \leq x_2 + \varepsilon) \end{cases}$$

(41)

要使 R 成为连续函数，常数 m_1 与 λ 必须满足下面诸式

$$\dfrac{m_1}{2}(x_0 + 2\varepsilon) < \dfrac{\pi}{4} \quad (42)$$

$$\dfrac{2}{x_1} = \dfrac{-1}{\lambda} + m_1$$

$$\dfrac{2}{x_2 - x_0} = \dfrac{-2}{\lambda + x_2 + 2\varepsilon} + m_1 \tan\left[\dfrac{m_1}{2}(x_0 + 2\varepsilon) + \dfrac{\pi}{4}\right]$$

(43)

消去 λ 得到

$$\tan\left[\dfrac{m_1}{2}(x_0 + 2\varepsilon) + \dfrac{\pi}{4}\right]$$
$$= \dfrac{2}{m_1(x_2 - x_0)} + \dfrac{2}{m_1\left(\dfrac{-x_1}{2 - m_1 x_1} + x_0 + 2\varepsilon\right)} \quad (44)$$

恰普雷金定理

上式等号左、右端分别是 m_1 的增函数与减函数,且当 $m_1 = +0$ 时,等号左端数值小于等号右端;当 $m_1 = \dfrac{\pi}{2(x_0+2\varepsilon)} - 0$ 时,等号左端数值大于或等于等号右端. 因此在区间 $0 \leq m_1 \leq \dfrac{\pi}{2(x_0+2\varepsilon)}$ 中可解出唯一的 m_1,代入式(43)得出 λ.

由上面选法可见,在 $D_\text{上}$ 中 A, A_x, R 都连续,且满足式(24).

在 $D_\text{上}$ 中的 $0 \leq x \leq x_0$ 部分内,由式(25)与式(40)得出

$$A = \ln \dfrac{x+\lambda+\varepsilon}{\dfrac{1}{2}x_0+\lambda+\varepsilon} + m_1\left(x - \dfrac{x_0}{2}\right)$$

把它写成式(16)的形式,应该是式(33)与下面两式

$$B(x,y) = \ln(x+\lambda+\varepsilon) - \ln\left(\dfrac{x_0}{2}+\lambda+\varepsilon\right) \quad (45)$$

$$m(y) = m_1 \quad (46)$$

引理 2 在 D_F 中如能找到连续且分段可微的函数 $m(y), w(y)$ 满足式(14),(36)与下列两式

$$m(0) = m_1 \quad (47)$$

$$\sqrt{m_Y^2\left(\dfrac{x_0}{2}+Y\right)^2 + \dfrac{1}{w}\left[\dfrac{K_y}{4(-K)^{\frac{3}{2}}}(w-1+2f)\right]^2} -$$
$$\left[\dfrac{1}{x_0+\lambda+2y+\varepsilon} + \dfrac{K_x f}{2(-K)^{\frac{3}{2}}} + m\right] \leq \dfrac{w_Y}{2w} \quad (48)$$

则唯一性定理成立.

证明 在 D_F 中选取

$$B(x,y) = \ln(x+\lambda+Y+\varepsilon) - \ln\left(\dfrac{x_0}{2}+\lambda+\varepsilon\right) \quad (49)$$

第 3 章 董光昌论恰普雷金方程

由式(17)与式(49)得到

$$g = 0, h = \frac{2}{x_0 + \lambda + 2Y + \varepsilon}, l = \frac{1}{x_0 + \lambda + 2Y + \varepsilon} \quad (50)$$

由式(45)与式(49)可知 B, B_x, B_y 在 D 内及 D 的边界上连续，其他核验 a, a_x, a_y, b, c, p, q 的连续与分段可微情况与第一种选法类似.

由式(14),(16),(21),(24),(48),(50)可知式(11)~(14)成立，由此得到唯一性定理成立的结论.

第三种选法. 假设

$$|x_1 + x_2 - x_0| \leqslant 2x_0 \quad (51)$$

成立. 设 μ, v, m_2 是三个非负的待定常数. 在 $D_上$ 中选

$$A = \int_{\frac{1}{2}(x_0 + v - \mu)}^{x} A_x \, \mathrm{d}x \quad (52)$$

其中

$$A_x = \begin{cases} 0 \; (x_1 - \varepsilon \leqslant x \leqslant -\varepsilon) \\ \left(\dfrac{1}{\mu + \varepsilon} + m_2\right)\left(1 + \dfrac{x}{\varepsilon}\right)(-\varepsilon \leqslant x \leqslant 0) \\ \dfrac{1}{x + \mu + \varepsilon} + m_2 \left(0 \leqslant x \leqslant \dfrac{x_0 + v - \mu}{2}\right)^{①} \\ \dfrac{1}{x_0 + v + \varepsilon - x} + m_2 \left(\dfrac{x_0 + v - \mu}{2} \leqslant x \leqslant x_0\right) \\ \left(\dfrac{1}{v + \varepsilon} + m_2\right)\left(1 - \dfrac{x - x_0}{\varepsilon}\right)(x_0 \leqslant x \leqslant x_0 + \varepsilon) \\ 0 \; (x_0 + \varepsilon \leqslant x \leqslant x_2 + \varepsilon) \end{cases} \quad (53)$$

选取

---

① 由式(51)可得出 $0 \leqslant \dfrac{x_0 + v - \mu}{2} \leqslant x_0$，见式(59).

恰普雷金定理

$$R = \begin{cases} \dfrac{2}{x_1 - \varepsilon - x}(x_1 - \varepsilon \leqslant x \leqslant -\varepsilon) \\ \dfrac{-1}{x + \mu + \varepsilon} + m_2 \tan\left[\dfrac{m_2}{2}(x + \varepsilon) + \dfrac{\pi}{4}\right]\left(-\varepsilon \leqslant x \leqslant \dfrac{x_0 + v - \mu}{2}\right) \\ \dfrac{1}{x_0 + v + \varepsilon - x} - m_2 \tan\left[\dfrac{m_2}{2}(x + \varepsilon - x) + \dfrac{\pi}{4}\right]\left(\dfrac{x_0 + v - \mu}{2} \leqslant x \leqslant x_0 + \varepsilon\right) \\ \dfrac{2}{x_2 + \varepsilon - x}(x_0 + \varepsilon \leqslant x \leqslant x_2 + \varepsilon) \end{cases}$$

(54)

要使 R 成为连续函数，常数 μ, v, m_2 必须满足下面诸式

$$\dfrac{m_2}{4}(x_0 + \mu - v + 2\varepsilon) < \dfrac{\pi}{4}$$

$$\dfrac{m_2}{4}(x_0 + v - \mu + 2\varepsilon) < \dfrac{\pi}{4} \quad (55)$$

$$\dfrac{2}{x_1} = \dfrac{-1}{\mu} + m_2, \dfrac{2}{x_2 - x_0} = \dfrac{1}{v} - m_2 \quad (56)$$

$$m_2 \tan\left[\dfrac{m_2}{4}(x_0 + \mu - v + 2\varepsilon) + \dfrac{\pi}{4}\right] +$$

$$m_2 \tan\left[\dfrac{m_2}{4}(x_0 + v - \mu + 2\varepsilon) + \dfrac{\pi}{4}\right]$$

$$= \dfrac{4}{x_0 + \mu + v + 2\varepsilon} \quad (57)$$

由式(56)得出

$$\mu = \dfrac{-x_1}{2 - m_2 x_1}, v = \dfrac{x_2 - x_0}{2 + m_2(x_2 - x_0)} \quad (58)$$

应用式(51)得到

$$|\mu - v| = \dfrac{2|x_1 + x_2 - x_0|}{(2 - m_2 x_1)[2 + m_2(x_2 - x_0)]}$$

第 3 章 董光昌论恰普雷金方程

$$\leqslant \frac{1}{2}|x_1 + x_2 - x_0| \leqslant x_0 \tag{59}$$

由式(57),(58)消去 μ, v 得到

$$\tan\left[\frac{m_2}{4}\left(x_0 + \frac{-x_1}{2 - m_2 x_1} - \frac{x_2 - x_0}{2 + m_2(x_2 - x_0)} + 2\varepsilon\right) + \frac{\pi}{4}\right] +$$

$$\tan\left[\frac{m_2}{4}\left(x_0 + \frac{x_2 - x_0}{2 + m_2(x_2 - x_0)} - \frac{-x_1}{2 - m_2 x_1} + 2\varepsilon\right) + \frac{\pi}{4}\right]$$

$$= \frac{4}{m_2\left[x_0 + \frac{-x_1}{2 - m_2 x_1} + \frac{x_2 - x_0}{2 + m_2(x_2 - x_0)} + 2\varepsilon\right]} \tag{60}$$

式(60)等号左端两项都是 m_2 的增函数,这是因为 m_2 的导数等于 $\frac{1}{4}\sec^2[\ ]$ 与下式的乘积

$$x_0 \pm \left\{\frac{-2x_1}{(2 - m_2 x_1)^2} - \frac{2(x_2 - x_0)}{[2 + m_2(x_2 - x_0)]^2}\right\}$$

$$= x_0 \pm \left[\frac{-x_1}{2 - m_2 x_1} - \frac{x_2 - x_0}{2 + m_2(x_2 - x_0)}\right] \cdot$$

$$\frac{4 - m_2^2 x_1(x_2 - x_0)}{(2 - m_2 x_1)[2 + m_2(x_2 - x_0)]}$$

$$\geqslant x_0 - \left|\frac{-x_1}{2 - m_2 x_1} - \frac{x_2 - x_0}{2 + m_2(x_2 - x_0)}\right|$$

$$= x_0 - |\mu - v| \geqslant 0$$

上面最后两式成立是应用了式(58)与式(59).

易知式(60)等号右端是 m_2 的减函数. 当 $m_2 = +0$ 时,式(60)等号左端数值小于等号右端;当 m_2 满

足 $\frac{m_2}{4}(x_0+|\mu-v|+2\varepsilon)=\frac{\pi}{4}-0$ 时[①],式(60)等号左端数值小于等号右端.因此式(60)有满足式(55)的唯一解 m_2.代入式(58)得出 μ,v.

由上面选法可见,在 $D_上$ 中 A,A_x,R 都连续,且满足式(24).

在 $D_上$ 中的 $0 \leqslant x \leqslant x_0$ 部分内,由式(52)与式(53)得出

$$A=\begin{cases}\ln\dfrac{x+\mu+\varepsilon}{\frac{1}{2}(x_0+\mu+v)+\varepsilon}+m_2\left(x-\dfrac{x_0+v-\mu}{2}\right)\left(0\leqslant x\leqslant\dfrac{x_0+v-\mu}{2}\right)\\ \ln\dfrac{\frac{1}{2}(x_0+\mu+v)+\varepsilon}{x_0+v+\varepsilon-x}+m_2\left(x-\dfrac{x_0+v-\mu}{2}\right)\left(\dfrac{x_0+v-\mu}{2}\leqslant x\leqslant x_0\right)\end{cases}$$

把它写成式(16)的形式,应该是式(33)与下面两式

$$B(x,y)=\begin{cases}\ln\dfrac{x+\mu+\varepsilon}{\frac{1}{2}(x_0+\mu+v)+\varepsilon}+\dfrac{m_2}{2}(\mu-v)\left(0\leqslant x\leqslant\dfrac{x_0+v-\mu}{2}\right)\\ \ln\dfrac{\frac{1}{2}(x_0+\mu+v)+\varepsilon}{x_0+v+\varepsilon-x}+\dfrac{m_2}{2}(\mu-v)\left(\dfrac{x_0+v-\mu}{2}\leqslant x\leqslant x_0\right)\end{cases} \quad (61)$$

$$m(y)=m_2 \quad (62)$$

引理3 在 $D_下$ 中如能找到连续且分段可微的函

---

① 因为前面已证明过 $\frac{m_2}{4}(x_0+|\mu-v|+2\varepsilon)$ 是 m_2 的增函数,又显然它不小于 $\frac{m_2}{4}(x_0+2\varepsilon)$,故存在唯一的正数 m_2 满足 $\frac{m_2}{4}(x_0+|\mu-v|+2\varepsilon)=\frac{\pi}{4}-0$.

数 $m(y), w(y)$ 满足式(14),(36)与下列两式
$$m(0) = m_2 \tag{63}$$

$$\sqrt{m_Y^2\left(\frac{x_0}{2}+Y\right)^2 + \frac{1}{w}\left[\frac{K_y}{4(-K)^{\frac{3}{2}}}(w-1+2f)\right]^2} -$$

$$\left[e(Y) + \frac{K_y f}{2(-K)^{\frac{3}{2}}} + m\right] \leqslant \frac{w_Y}{2w} \tag{64}$$

其中

$$e(Y) = \begin{cases} \dfrac{2}{x_0 + \mu + v + 2Y + 2\varepsilon} & \left(Y \geqslant \dfrac{|\mu-v|-x_0}{2}\right) \\ \dfrac{2}{2x_0 + \mu + v - |\mu-v| + 4Y + 2\varepsilon} & \left(Y < \dfrac{|\mu-v|-x_0}{2}\right) \end{cases} \tag{65}$$

则唯一性定理成立.

证明 在 D_F 中选取

$$B(x,y) = \begin{cases} \ln\dfrac{x+\mu+Y+\varepsilon}{\dfrac{1}{2}(x_0+\mu+v)+Y+\varepsilon} + \dfrac{m_2}{2}(\mu-v) & \left(x \leqslant \dfrac{x_0+v-\mu}{2}\right) \\ \ln\dfrac{\dfrac{1}{2}(x_0+\mu+v)+Y+\varepsilon}{x_0+v+\varepsilon+Y-x} + \dfrac{m_2}{2}(\mu-v) & \left(x \geqslant \dfrac{x_0+v-\mu}{2}\right) \end{cases}$$
$$\tag{66}$$

由式(17)与式(66)得到:

当 $Y \geqslant \dfrac{1}{2}(|\mu-v|-x_0)$ 时

$$g = h = l = \frac{2}{x_0 + \mu + v + 2Y + 2\varepsilon}$$

当 $Y < \dfrac{1}{2}(|\mu-v|-x_0)$ 时

恰普雷金定理

$$\begin{cases} g = \dfrac{2}{x_0 + \mu + 2Y + \varepsilon} - \dfrac{1}{\dfrac{1}{2}(x_0 + \mu + v) + Y + \varepsilon} \\ h = \dfrac{1}{\dfrac{1}{2}(x_0 + \mu + v) + Y + \varepsilon} \\ l = \dfrac{1}{x_0 + \mu + 2Y + \varepsilon} (\mu \leqslant v) \\ g = \dfrac{1}{\dfrac{1}{2}(x_0 + \mu + v) + Y + \varepsilon} \\ h = \dfrac{2}{x_0 + v + 2Y + \varepsilon} - \dfrac{1}{\dfrac{1}{2}(x_0 + \mu + v) + Y + \varepsilon} \\ l = \dfrac{1}{x_0 + v + 2Y + \varepsilon} (\mu > v) \end{cases} \quad (67)$$

由式(61)与式(66)可知 B, B_x, B_y 在 D 内及 D 的边界上连续. 其他核验 a, a_x, a_y, b, c, p, q 的连续与分段可微情况与第一种选法类似.

由式(14),(16),(21),(24),(64),(67)可知式(11)~(14)成立,因此得到唯一性定理成立的结论.

大致说来,当 $-x_1$ 与 $x_2 - x_0$ 都比较大时用第一种选法比较好;当 $-x_1$ 比较小而 $x_2 - x_0$ 比较大时用第二种选法比较好;当 $-x_1$ 与 $x_2 - x_0$ 都比较小时用第三种选法比较好.

综合引理 1,引理 2,引理 3 并略加改变,得到下列结果.

引理 4 设 $j_n(n=0,1,2)$ 是下面三式的最小正根

$$\dfrac{j_0}{2} = \arctan \dfrac{2x_0}{-j_0 x_1} + \arctan \dfrac{2x_0}{j_0(x_2 - x_0)} \quad (68)$$

第3章 董光昌论恰普雷金方程

$$\tan\left(\frac{j_1}{2} + \frac{\pi}{4}\right) = \frac{2x_0}{j_1(x_2 - x_0)} + \frac{2(x_0 - j_1 x_1)}{j_1(x_0 - x_1 - j_1 x_1)}$$
(69)

$$\tan\left[\frac{j_2}{4}\left(1 + \frac{-x_1}{2x_0 - j_2 x_1} - \frac{x_2 - x_0}{2x_0 + j_2(x_2 - x_0)}\right) + \frac{\pi}{4}\right] +$$
$$\tan\left[\frac{j_2}{4}\left(1 - \frac{-x_1}{2x_0 - j_2 x_1} + \frac{x_2 - x_0}{2x_0 + j_2(x_2 - x_0)}\right) + \frac{\pi}{4}\right]$$
$$= \frac{4}{j_2\left[1 + \frac{-x_1}{2x_0 - j_2 x_1} + \frac{x_2 - x_0}{2x_0 + j_2(x_2 - x_0)}\right]}①$$
(70)

设 $X_n(n = 0, 1, 2)$ 由下面二式得出

$$X_0 = x_0 \tag{71}$$

$$X_1 = x_0\left(1 + \frac{-x_1}{2x_0 - j_1 x_1}\right) \tag{72}$$

$$X_2 = x_0\left[1 + \frac{-x_1}{2x_0 - j_2 x_1} + \frac{x_2 - x_0}{2x_0 + j_2(x_2 - x_0)}\right] +$$
$$\delta\left[x_0 + 2Y - \left|\frac{-x_0 x_1}{2x_0 - j_2 x_1} - \frac{x_0(x_2 - x_0)}{2x_0 + j_2(x_2 - x_0)}\right|\right] \tag{73}$$

其中当 $x_0 + 2y - \left|\frac{-x_0 x_1}{2x_0 - j_2 x_1} - \frac{x_0(x_2 - x_0)}{2x_0 + j_2(x_2 - x_0)}\right| \geq 0$
或 < 0 时,$\delta = 0$ 或 1.

在区间 $y_0 \leq y \leq 0$ 中,如能找到连续且分段可微的函数 $m(y), w(y)$ 满足式(14),(36)与下列两式

$$m(0) = \frac{j_n}{x_0} \tag{74}$$

$$\sqrt{m_Y^2\left(\frac{x_0}{2} + Y\right)^2 + \frac{1}{w}\left[\frac{K_y}{4(-K)^{\frac{3}{2}}}(w - 1 + 2f)\right]^2} -$$

---

① 得出 j_2 时,要在式(51)成立的限制之下.

恰普雷金定理

$$\left[\frac{n}{X_n+nY+\varepsilon}+\frac{K_y f}{2(-K)^{\frac{3}{2}}}+m\right]\leqslant\frac{w_Y}{2w} \quad (75)$$

则唯一性定理成立.

证明 以 $n=1$ 的情况为例，$n=0,2$ 的情况可以同样考虑.

由于在引理 2 中 $m_1=m_1(\varepsilon)$ 与 $\lambda=\lambda(\varepsilon)$ 都是 ε 的连续函数，故当由式(69)，(72)解出的 j_1（这是引理 2 中 $\varepsilon=0$ 时求出的 $m_1 x_0$）与 X_1 满足式(74)，(75)时，必能找到充分小的正数 ε（这个 ε 可以与式(75)中的 ε 不同）使 $m_1(\varepsilon),\lambda(\varepsilon)$ 满足式(42)，(43)，(47)，(48). 故由引理 2 得唯一性定理是成立的. 引理 4 证毕.

引理 4 中尚存在两个未知函数 m 与 w，很不方便，需要进一步简化.

式(75)成立的充分条件是

$$|m_Y|\left(\frac{x_0}{2}+Y\right)+\frac{K_y}{4(-K)^{\frac{3}{2}}}\cdot\frac{|w-1+2f|}{\sqrt{w}}-$$
$$\left[\frac{n}{X_n+nY+\varepsilon}+\frac{K_y f}{2(-K)^{\frac{3}{2}}}+m\right]\leqslant\frac{w_Y}{2w} \quad (76)$$

考虑到式(76)，按式(74)与下列两式来选取 m 比较合适

$$m_Y\leqslant 0 \quad (77)$$

$$m-|m_Y|\left(\frac{x_0+\varepsilon}{2}+Y\right)$$
$$=-\left[\frac{n}{X_n+nY+\varepsilon}+\frac{K_y f}{2(-K)^{\frac{3}{2}}}-\frac{K_y}{4(-K)^{\frac{3}{2}}}\cdot\right.$$
$$\left.\frac{|w-1+2f|}{\sqrt{w}}+\frac{w_Y}{2w}\right] \quad (78)$$

第 3 章　董光昌论恰普雷金方程

即

$$m = \frac{1}{x_0 + 2Y + \varepsilon}\left\{j_n\left(1 + \frac{\varepsilon}{x_0}\right) + 2\int_Y^0\left[\frac{n}{X_n + nY + \varepsilon} + \frac{K_x f}{2(-K)^{\frac{3}{2}}} - \frac{K_y}{4(-K)^{\frac{3}{2}}}\cdot\frac{|w-1+2f|}{\sqrt{w}} + \frac{w_Y}{2w}\right]dY\right\} \quad (79)$$

由式(78)与式(79)可知,式(77)成立的充分条件是

$$(x_0 + 2Y + \varepsilon)\left[\frac{n}{X_n + nY + \varepsilon} + \frac{K_x f}{2(-K)^{\frac{3}{2}}} - \frac{K_y}{4(-K)^{\frac{3}{2}}}\cdot\frac{|w-1+2f|}{\sqrt{w}} + \frac{2Y}{2w}\right] + 2\int_Y^0\left[\frac{n}{X_n + nY + \varepsilon} + \frac{K_x f}{2(-K)^{\frac{3}{2}}} - \frac{K_y}{4(-K)^{\frac{3}{2}}}\cdot\frac{|w-1+2f|}{\sqrt{w}} + \frac{2Y}{2w}\right]dY + j_n$$

$$\geqslant 0 \quad (80)$$

当式(80)成立时,按式(79)选取的 m 必然满足式(76),故得下列引理.

引理 5　在区间 $y_0 \leqslant y \leqslant 0$ 中,如能找到连续且分段可微的函数 $w(y)$ 满足式(36)与式(80)①时,则唯一性定理成立.

上面所有的讨论,对于 $f(y)$(它的定义见式(10))只有轻微的限制,即只要假设 f 在 $y_0 \leqslant y_1 \leqslant 0$ 中是连续甚至是分段连续就够了.

今假设 f 在 $y_0 \leqslant y \leqslant 0$ 中为连续且分段可微,而且在某处取到负值,满足 $f(y) < 0$ 的 y 的上界记为 y_1,假

---

① 因为式(80)中含有 $\sqrt{w}$,故式(14)自然成立,不必另外叙述.

恰普雷金定理

设 $y_0 < y_1 < 0$. 选取

$$w = \begin{cases} 1 & (y_1 \leqslant y \leqslant 0) \\ 1 - 2f & (y_0 \leqslant y \leqslant y_1) \end{cases} \quad (81)$$

则式(36)成立,当 $y_1 < y \leqslant 0$ 时式(80)显然成立,故由引理5得到下面的定理:

定理 如果当 $y_0 \leqslant y \leqslant y_1$ 时

$$(x_0 + 2Y + \varepsilon)\left[\frac{n}{X_n + ny + \varepsilon} + \frac{K_y f}{2(-K)^{\frac{3}{2}}} - \frac{f_Y}{1 - 2f}\right] +$$

$$\int_Y^0 \frac{2n\mathrm{d}Y}{X_n + nY + \varepsilon} + 2\int_Y^{Y(y_1)}\left[\frac{K_y f}{2(-K)^{\frac{3}{2}}} - \frac{f_Y}{1 - 2f}\right]\mathrm{d}Y + j_n$$

$$\geqslant 0 \quad (82)$$

成立,则唯一性定理成立.

空气动力学中的例子. 设 β 是一个正常数且 $\beta \approx 2.5$,则

$$K(y) = \frac{1 - (2\beta + 1)t}{(1 - t)^{2\beta + 1}}$$

$$y = -\int_{\frac{1}{2\beta + 1}}^{t} \frac{(1 - t)^\beta}{2t}\mathrm{d}t \quad (83)$$

$$K_y = \frac{4\beta(2\beta + 1)t^2}{(1 - t)^{3\beta + 2}}$$

$$f = 1 + 2\left(\frac{K}{K_y}\right)_y = \frac{2 - (\beta + 2)t}{\beta(2\beta + 1)t^2}$$

则 $t = \frac{1}{2\beta + 1}$ 对应于 $y = 0$,$\frac{1}{2\beta + 1} \leqslant t \leqslant 1$ 对应于 y 的负值,$t = \frac{2}{\beta + 2}$ 对应于 $y = y_1$. 又

$$\frac{-K_y f}{2(-K)^{\frac{3}{2}}} = \frac{2[(\beta + 2)t - 2]}{\sqrt{1 - t}\,[(2\beta + 1)t - 1]^{\frac{3}{2}}}$$

第3章 董光昌论恰普雷金方程

$$\frac{f_Y}{1-2f} = \frac{f_y}{\sqrt{-K}(1-2f)}$$

$$= \frac{\sqrt{1-t}\,[4-(\beta+2)t]}{\sqrt{(2\beta+1)t-1}\,[\beta(2\beta+1)t^2+2(\beta+2)t-4]}$$

$$Y = \int_0^y \sqrt{-K}\,dy$$

$$= -\int_{\frac{1}{2\beta+1}}^{t} \frac{\sqrt{(2\beta+1)t-1}}{\sqrt{1-t}}\,\frac{dt}{2t}$$

$$= -\sqrt{2\beta+1}\arctan\sqrt{\frac{t-\frac{1}{2\beta+1}}{1-t}} + \arctan\sqrt{\frac{(2\beta+1)t-1}{1-t}}$$

当 $t=1$ 时 K 不连续,故 $t=1$ 时对应的 x_0 是不可能的,它的数值(记为 $\bar{x}_0$)是一切可能的 x_0 的上界

$$\bar{x}_0 = -2Y|_{t=1} = (\sqrt{2\beta+1}-1)\pi$$

$$\bar{x}_0 + 2Y = \int_t^1 \frac{\sqrt{(2\beta+1)t-1}}{\sqrt{1-t}}\,\frac{dt}{t}$$

$$= 2\sqrt{2\beta+1}\arctan\sqrt{\frac{1-t}{t-\frac{1}{2\beta+1}}} -$$

$$2\arctan\sqrt{\frac{1-t}{(2\beta+1)t-1}}$$

空气动力学中经常遇见的情况是区域 $D_上$ 被限制在 $0 \le x \le x_0$ 中,即 $x_1 = 0, x_2 = x_0$. 这时应该应用定理中 $n=2$ 的情形. 由式(70)得到 j_2 是满足下式的最小正根

$$\tan\left(\frac{j_2}{4}+\frac{\pi}{4}\right) = \frac{2}{j_2}$$

即

$$j_2 = 1.112 \qquad (84)$$

恰普雷金定理

由式(73)得出 $X_2 = x_0$. 因此式(82)化为

$$\left[\frac{-K_y f}{2(-K)^{\frac{3}{2}}} + \frac{f_Y}{1-2f}\right](x_0 + \varepsilon + 2Y) +$$

$$\ln \frac{K_y^2(1-2f)(x_0+\varepsilon+2Y)^2}{(-K)^3}$$

$$\leq 2 + j_2 + \ln \frac{(x_0+\varepsilon)^2 K_y^2(y_1)}{-K^3(y_1)}$$

选取 $\varepsilon = \overline{x}_0 - x_0$ 并将式(83)代入上式得到

$$\left\{\frac{2[(\beta+2)t-2]}{\sqrt{1-t}\,[(2\beta+1)t-1]^{\frac{3}{2}}} + \right.$$

$$\left.\frac{\sqrt{1-t}\,[4-(\beta+2)t]}{\sqrt{(2\beta+1)t-1}\,[\beta(2\beta+1)t^2+2(\beta+2)t-4]}\right\} \cdot$$

$$\left[\sqrt{2\beta+1}\arctan\sqrt{\frac{1-t}{t-\frac{1}{2\beta+1}}} - \arctan\sqrt{\frac{1-t}{(2\beta+1)t-1}}\right] +$$

$$\ln\left\{\frac{8\sqrt{\beta(2\beta+1)}\,t}{\sqrt{1-t}\,[(2\beta+1)t-1]^{\frac{3}{2}}}\right. \cdot$$

$$\sqrt{\beta(2\beta+1)t^2+2(\beta+2)t-4} \cdot$$

$$\left.\left[\sqrt{2\beta+1}\arctan\sqrt{\frac{1-t}{t-\frac{1}{2\beta+1}}} - \arctan\sqrt{\frac{1-t}{(2\beta+1)t-1}}\right]\right\} <$$

$$1 + \frac{j_2}{2} + \ln\left[(\sqrt{2\beta+1}-1)\pi \cdot \frac{16(2\beta+1)}{3\sqrt{3}\beta}\right] \quad (85)$$

作替换

$$\frac{1-t}{(2\beta+1)t-1} = u \quad (86)$$

则式(85)化为

第3章 董光昌论恰普雷金方程

$$\frac{1}{2\beta}\Big\{(1-3u)[1+(2\beta+1)u] +$$

$$\frac{2u[(2-\beta)+(7\beta+2)u][1+(2\beta+1)u]}{(2\beta+3)+2(4\beta-1)u-5(2\beta+1)u^2}\Big\}\cdot$$

$$\frac{\sqrt{2\beta+1}\arctan\sqrt{(2\beta+1)u}-\arctan\sqrt{u}}{\sqrt{u}} +$$

$$\ln\Big[(1+u)\sqrt{(2\beta+3)+2(4\beta-1)u-5(2\beta+1)u^2}\cdot$$

$$\frac{\sqrt{2\beta+1}\arctan\sqrt{(2\beta+1)u}-\arctan\sqrt{u}}{\sqrt{u}}\Big]$$

$$\leqslant 1 + \frac{j_2}{2} + \ln\Big[(\sqrt{2\beta+1}-1)\pi\cdot\frac{8}{3\sqrt{3}}\sqrt{2\beta+1}\Big] \quad (87)$$

将式(84)代入式(87),并令 $\beta=2.5$,得

$$\frac{1}{5}\Big[(1-3u)(1+6u) + \frac{u(-1+39u)(1+6u)}{8+18u-30u^2}\Big]\cdot$$

$$\frac{\sqrt{6}\arctan\sqrt{6u}-\arctan\sqrt{u}}{\sqrt{u}} + \ln\Big[(1+u)\sqrt{8+18u-30u^2}\cdot$$

$$\frac{\sqrt{6}\arctan\sqrt{6u}-\arctan\sqrt{u}}{\sqrt{u}}\Big] \leqslant 4.399 \quad (88)$$

由于 $y \leqslant y_1$ 对应于 $t \geqslant \dfrac{2}{\beta+2}$,由式(86)可见即对应于 $u \leqslant \dfrac{1}{3}$. 因此必须核验式(88)当 $0 < t \leqslant \dfrac{1}{3}$ 时是否成立. 计算结果表明,在 $0 \leqslant t \leqslant \dfrac{1}{3}$ 的范围内,式(88)不等号左端在 $t=0.03$ 附近取到不超过 3.660 的最大值,因此式(88)总是成立的. 由于 3.660 与 4.399 相差颇大,因此 β 在 2.5 附近的某一范围内,仍能使式(87)成立. 故得下列结果.

恰普雷金定理

如果 $K(y)$ 由式(83)得出($\beta \approx 2.5$),对于任何可能的 x_0,只要椭圆区域的边界线 Γ_3 被限制在 $0 \leqslant x \leqslant x_0$ 内[①],则唯一性定理总是成立的.

如果 Γ_3 不是由一条曲线构成,而是由几条延伸到无穷远互不相交的曲线构成时,只要添加条件 $\overline{\lim\limits_{y \to +\infty}} uu_y \leqslant 0$,则唯一性定理仍然成立. 这是因为在上述证明中,在椭圆区域内选取 $q = a_y = b = c = 0$,故在能量积分与零积分之和中沿 Γ_3 的线积分是

$$\int_{\Gamma_3} [(Ka_x u^2 - pu^2 - 2aKuu_x)\mathrm{d}y + 2auu_y \mathrm{d}x]$$

如图2所示,当 Γ_3 由延伸到无穷远的曲线 Γ'_3, Γ''_3 等构成时,用横线联结这些曲线的积分(即图中 Γ' 上的积分),取极限不为负,即

$$\overline{\lim_{y \to +\infty}} \int_{\Gamma'} auu_y \mathrm{d}x \geqslant 0$$

图2

由于 $a > 0$,在 Γ' 上 $\mathrm{d}x < 0$,因此上式成立的充分条件是

――――――――

① 按上述证明易知限制可放宽为 $\dfrac{x_0 - \overline{x_0}}{2} \leqslant x \leqslant \dfrac{x_0 + \overline{x_0}}{2}$,甚至可更进一步放宽.

第3章 董光昌论恰普雷金方程

$$\varlimsup_{y\to+\infty} uu_y \leqslant 0$$

参考文献

[1] 董光昌.查甫雷金方程的唯一性定理(Ⅱ)[J].数学学报,1956(6):250-262.

[2] PROTTER M H. Uniqueness theorems for the Tricomi problem Ⅱ[J]. I. Rational Mech. Anal., 1955(4):721-732.